Eine Burg und drei adelige Häuser

Fritz Hinrichs

# Eine Burg und drei adelige Häuser

Spiegelbilder ihrer Geschichte
in Briefen
und Berichten
aus
rheinischen Archiven

Westdeutscher Verlag · Köln und Opladen · 1965

ISBN 978-3-663-03051-5 ISBN 978-3-663-04240-2 (eBook)
DOI 10.1007/978-3-663-04240-2

Verlagsarchiv 081006

Gesamtherstellung Druckerei Dr. Friedrich Middelhauve GmbH · Opladen
Umschlagentwurf: Clemens Siebeneichler · Leichlingen

# Inhalt

*I. Ein Burger Lagerbuch von 1690* ........ 9

1. Die Burganlage nach 1648 ........ 9
2. Die alten Grafenwälder ........ 11
3. Drei Burger Hofgerichte ........ 17
4. Kameralhöfe als Lehngüter ........ 25
5. Hämmer, Kotten und Mühlen ........ 30

*II. Morsbroich im französischen Revolutionskrieg* ........ 40

1. Briefe des Ordenskomturs von Roll ........ 41
2. Die Dienerschaft des Schlosses ........ 53
3. Ein Rundgang durch das adelige Haus ........ 56
4. Berichte des Schloßverwalters Linden ........ 68

*III. Die Wasserburg Ophoven bei Opladen* ........ 79

1. Ein Lehnbrief aus dem Jahre 1439 ........ 79
2. Das Erbe des Gotthard von Hall ........ 81
3. Der Ophovener Landbesitz um 1618 ........ 93
4. Baukostenaufstellung von 1696 ........ 96
5. Wirtshausrechnung aus dem Jahre 1660 ........ 98

*IV. Gerhard von Velbrück, der Bornefelder Amtmann* ........ 103

1. Lagebericht an Kurfürst Wolfgang Wilhelm ........ 104
2. Pachtbrief Dhünnfischerei ........ 106
3. Bergische Landstände und die »Soester Fehde« ........ 106
4. Aus dem Sterberegister der Pfarrei Rosbach a. d. Sieg ........ 109
5. Rechnungsbuch des Hauses Lanquit von 1634–1653 ........ 109

Literaturverzeichnis und Bildnachweis ........ 125

# Vorwort

Die in dieser Arbeit vorliegenden Briefe und Berichte bilden den ersten Teil einer Sammlung heimatgeschichtlicher Quellen aus dem Raum zwischen der DHÜNN im Süden, der DÜSSEL im Norden und dem RHEIN im Westen.
Ein zweiter Teil folgt. Er wird berichten über »Kaiserliches Kriegslager und Kürfürstliche Residenz«, aus Archivalien bayrischer Sammlungen zusammengestellt.
Die Veröffentlichungen im ersten Teil stellen Geschichtsbilder der GRAFENBURG an der Wupper und der adeligen Häuser MORSBROICH bei Leverkusen-Schlebusch, OPHOVEN bei Opladen und LANQUIT – auch Langfort genannt – bei Langenfeld dar; alles Schriftstücke aus den rheinischen Archiven in Düsseldorf, Koblenz und Mirbach-Harff bei Bergheim.
Für die Hilfe und Unterstützung, die ich bei der Suche und Forschung durch die Herren Leiter und Betreuer dieser Archive fand, bedanke ich mich herzlich.
Ich hoffe, mit den vorliegenden dokumentarischen Aussagen zur bergischen Geschichte der Heimatforschung neue Impulse zu vermitteln, so daß auch das Geschichtsbild des Rhein-Wupper-Kreises gründlicher erfaßt und klarer herausgestellt werden kann. Weiter möchte ich hiermit der Volksbildung im allgemeinen und der Schularbeit im besonderen dienen.
Ihnen will ich Mittel an die Hand geben, wodurch Sie in die Lage versetzt werden, vom Stoff her heimatgeschichtliche Erkenntnisse in anschaulicher Form zu vermitteln.
Füllstoffe liegen hier vor, die zu Darstellungen in politischer, wirtschaftlicher, sozialer und kultureller Sicht anregen und auffordern.

Leichlingen, im März 1965 FRITZ HINRICHS

# I. Ein Burger Lagerbuch von 1690

Dieses Lagerbuch, das zu den Beständen Jülich Berg III R.[1] gehört und mit der Nummer 57 ausgewiesen ist, darf als Steuerbuch bezeichnet werden. Vermutlich ist es entstanden, als Philipp Wilhelm 1689 gestorben war, und sein Sohn Johann Wilhelm, im Volksmunde Jan Wellem genannt, als Kurfürst von der Pfalz und souveräner Herr von Jülich-Berg die alleinige Herrschaft endgültig übernahm.

Sehr bewegte Jahre, weil die Regierung der Fürstentümer am Rhein durch den Einfall französischer Truppen schwer belastet war. Daß in solchen Zeiten die Regierung die Einnahmen des Landes überprüft, ist verständlich. Von diesem Gesichtspunkt aus muß die Entstehung des 99 Blatt umfassenden Lagerbuches verstanden werden: Eine Überprüfung und zugleich ein Überblick der Vermögenswerte, die sich in Land-, Forst- und Hofbesitz ausdrücken und Aufschluß geben über die Einnahmen aus verbrieften Rechten.

Von ihrem wirtschaftsgeschichtlichen Wert aus gesehen, hätte die Akte eine vollständige Wiedergabe verdient. Leider stand der Raum dazu in dieser Sammlung mehrerer dokumentarischer Berichte nicht zur Verfügung, weshalb es bei nur einigen Kapiteln des Dienstbuches blieb. Jedes von ihnen fordert zu Fragen auf, die, soweit sie Grundherrschaft, Hofrecht, und Wirtschafts- und Siedlungsgeschichte betreffen, zu beantworten sind.

## 1. Die Burganlage nach 1648

*Das Haus Burg liegt, von der Solinger seithen hero anzusehen, auf einem Berge, auf welchem Hause die vorigen Grafen und Hertzogen von dem Berg ihre Residenz gehabt. Das Haus aber und sonderlich der Beste theil deßelben ist nach dem Münsterischen Friedenschluß von der darauf gelegenen kayserl. Besatzung unter*

[1] Hauptstaatsarchiv Düsseldorf.

*Commando des Obristen Henrichen Plettenberg*[2] *niedergerißen, wie auch alle Mauern und Thorne sogar auch der Pferdestall, Backhaus und Brauhaus, daß nichts mehr unter Dach stehet als das Hohe gebew, so man von der Solinger seithen her besiehet neben der Kellnery, so allein noch bewohnt wird und brauchbar ist. Der auf dem inwendigen* [Burg-]*platz vorhandene schöne ausgemauerte Brunnen, etwa 110 Fuß tief, welcher durch die kayserl. Kriegsvölker voller Klumpen stein und Kalk bey demolition angefüllet, ist vor einigen Jahren wieder außgebauet und brauchbar gemacht, damit man nötiges Wasser darauß zum gebrauch der Kellnerey genießen möge. Nach aufgang der Sonne ist die Mauer auf einer Leyen*[3] *aufgeführt geweßen, welche aber so gar niedergerißen, daß man überal darüber steigen kann.*
*Nach der Nordseiten, alwohe Backhaus und Brewhaus gestandten, ist die Mauer auch ein groß stück weges ganz niedergefallen und so beschaffen, daß, wann nicht reparirt wird, man darüber gehen und steigen* [kann].
*Nach der Solinger als Westseithen ist alles noch ansehnlich und im Dache anzusehen und darin bisher erhalten.* (Siehe Abb. 3.)
*Nach der Südseithen, nach Heurath*[4] *und Witzhelden zu, ist das hohe Gehüchte*[5] *sehr baufällig und ist die nach der Ober-Freiheyt von außen anstehemde Pfortze von dem vorderen Platze her mehrentheils niedergerißen neben der Mauern, daß man auch darüber steigen kann zu dem innersten Platz zu.*
*Vor dem Hause auf der rechten Handt nach der Kirchen zu, liegt ein orthgen ... woran schießet ein orth, so genannt wird der schultheißen*[6] *garten. Auf der linken seithen liegt ein klein orthgen, so ein zeitlicher Kellner gebraucht. Demnechst ist der Platz, worauf vor diesem eine Fontaine*[7] *geweßen, so aber vergänglich* [zerstört].
*Unter der Fontainen liegt der Kesselsgarten*[8], *welchen Ihro Hochfrstl. Dchlt. vor diesem von dero geweßenen Großhofmeister, dem Freiherrn von Wesch-*

[2] Heinrich von Plettenberg war Oberst im kaiserlichen Regiment des Feldmarschalls von Holzapfel. Er besetzte Schloß Burg und wohnte auch hier bis zum Friedensschluß 1648. Als seine Besatzung abzog, zerstörte sie die Burg, so »daß nichts mehr unter Dach stand, neben der Kellnerey, so allein noch bewohnet und brauchbar war«.
[3] Felsen aus Schiefergestein.
[4] Ortschaft Hörath, südlich von Burg, in der Gemeinde Wermelskirchen gelegen.
[5] Bedeutet soviel wie Behausung, geschützter Wohnsitz; verwandt mit dem mhd. gehege (Einfriedigung).
[6] Schultheiß, ein von Grafen oder Grundherrn eingesetzter Diener mit niederer und hoher Gerichtsbarkeit betraut, auch Ortsvorsteher im Dorf.
[7] Fontaine, aus dem lat. fons, fontis = Quelle, weist hier auf einen Springbrunnen hin, der auf dem Schloßplatz lag.
[8] Kesselsgarten erinnert an einen Burgmann von Kessel, der in der Freiheit ein Burglehen besaß.

*pfennig*[9]*, an sich ertauschet, welcher neben vorgemeltem orth, der Schuldheißgarten genannt, von zeitlichem Kellner gegen Pacht gebraucht wirdt.*
*Demnechst liegen noch auf dem platz vier Häußer und Haußplatzen, wovon Erbpacht gegeben wirdt, wovon bey der Erbpacht meldung geschieht.*
*Die Kirche, welche der Zeitliche Commendeur Johanniterordens vor sein eigen praetendiret, liegt nechst diesem Platze, wie auch deßen daran schließende Wohnung, garten und Bruderhauß, auch der gemeinde Kirchhoff.*
*Der zeitliche Amtmann zu Solingen ist auch ordinari Ambtmann mit für die Freiheit Burg.*
*Der zeitliche Kellner ist auch Richter mit über diese Freyheit und hatt der zeitliche Bürgermeister keine weitere Cognition alß in lokartation der stewern und des Wullenhandwerks*[10]*, derselbe erhebt auch die steuern.*
*Die Hochfrstl. Fischerei und deren Gerechtigkeiten und die umb dieses Haus zu Burg gelegenen Büsche wird jedes seines orths gemeldet und alda weiter beschrieben.* (Siehe Abb. 2.)

## 2. Die alten Grafenwälder

Verwiesen sei hier auf einen Stich von Erich Philipp Ploenies in der Topographia ducatus Montium[1]: Ansicht von Schloß Burg im Jahre 1715. Er zeigt das Herrscherhaus an der Wupper im Kranze grüner Wälder liegend, wohl mehr eine symbolische Darstellung, worin auf den noch beachtlichen großen Waldbesitz, die Staatsforsten, im Gegensatz zu den Gemarkenwäldern, hingewiesen wird.
Nach den Angaben im Lagerbuch betrug dieser Waldbesitz am Ende des 17. Jahrhunderts noch etwa 1528 Morgen oder 380 ha. Diese Wälder hatten, wie auch die Bevölkerung in den umliegenden Ortschaften und Höfen, viel unter den Auswüchsen langer Kriege zu leiden. Ihren ehemaligen Hochwaldcharakter verloren sie fast ganz und verwandelten sich stellenweise in große Wüstungen. Die Einnahmen, die die Hofkammer durch Holzverkauf daraus löste, und die in die bergische Pfenningsmeisterei[2] flossen, schrumpften immer mehr ein. Ihren Hofcharakter verloren die Wälder ganz durch die Einführung des französischen Rechts (s. Übersichtskarte zum Burger Lagerbuch, nach Seite 126).

[9] Freiherr von Weschpfennig war als Amtmann von Solingen auch Amtmann über die Freiheit Burg.
[10] Die Burger Wullenhandwerker stellten Decken, Scharzen genannt, her nach einem Privileg aus dem 16. Jhrhdt.

[1] Topographie des Herzogtums Berg.
[2] Landessteuerkasse

Nach 1820 sind dann fast alle ehemaligen Kameralbüsche[3] öffentlich versteigert worden. Kaufleute und Industrielle erwarben sie, sich so sichere Kapitalanlagen schaffend.
Mit dem Ansteigen der Industriekonjunktur ist viel Wald wieder verkauft worden, der nun zur Erweiterung landwirtschaftlicher Betriebe in Bauernbesitz überging.
Folgendes berichtet das Lagerbuch über die ehemaligen Grafenwälder:

*Mein gnedigster Herr hat einen Busch der Lämmerbusch*[4] *genant, im Ambt Mißenlohe*[5] *gelegen, hat wenig eichen Holzer mehr, sondern ist mehrentheils Schlagholz darin, und ist dieser Busch vor einigen Jahren ein groß stück nechst der Eiffkerbach*[6] *abgebrant, helt gemeßen 240 morgen, schießt aber am endt, wo der Schlagbaum am eingang des Busches ist, auf einer seiten an das Dünwalder Hoffs Erb* [muß wohl heißen Dünweger], *auf der anderen seiten an die Eschhaußer güter*[7] *hinab auf den Seipen und durch den Seipen hinab auf die Eifken, und unden langs die Eifken und Ihrer Durchlt. daran gelegener Wießen. Und gehet oben nechst dem Dünwalder* [Dünweger] *Hoff und Eschhaußer Höffen zu einem Graben oder Landwehr*[8], *welche die vierzehn güter, in Burscheidt gelegen, underhalten und aufwerfen müßen, damit von der seithen her keine Biesten* [Vieh] *darin zu schaden gehen können. Und wird der Schlußell zum Schlagbaum auf dem Hoff zu Eschhaußen verwahret, hergegen sollen die vierzehen güter, in Burscheidt gelegen, Lauf und Sprocken*[9] *in dem Lammerbusch mögen hohlen, und das Marktholz*[10] *zu gelden die nechsten sein. Auch wenn auf den Vierzehn gütern mit Unglück ein Hauß abbrente, wann das wieder erbauet ist und die Wirme gelegt ist, zu dem Überbawe das Holz auß dem vorigen Busche nehmen*

[3] Büsche, die der Hofkammer unterstanden; fiskalischer Wald (Staatsforsten).
[4] Der Lamerbusch lag rechts und links der Straße Dünnweg–Markusmühle–Dabringhausen in der Gemeinde Burscheid. Die Ortschaft Lamerbusch, nördlich von Markusmühle gelegen, führt nach diesem Wald ihren Namen.
[5] Das Amt Miselohe umfaßte, an der Niederwupper gelegen, das Gebiet der Gemeinden Opladen mit Wiesdorf, Bürrig und Neukirchen, Schlebusch mit Lützenkirchen und Steinbüchel, Burscheid, Witzhelden und Leichlingen.
[6] Der Eifgenbach, der, aus der Wermelskirchener Flur kommend, in westlicher Richtung fließend, die Grenze zwischen den Gemeinden Burscheid und Dabringhausen bildet, und vor Altenberg in die Dhünn mündet.
[7] Ortschaft südwestlich von Hilgen, unweit der Bundesstraße 51
[8] Wall oder Graben, eine Anlage, die hier zum Schutz des Waldes gegen Weidegang des Viehes diente.
[9] Laub und dürres, leicht brechendes Holz (sprock = spröde, brüchig; Sprockel = Windschlag, Leseholz).
[10] Holz, das den Mark- oder Waldgenossen nach dem Waldrecht zustand oder Bauholz?

*mögen und an ihren Kirspels Pastore von Picken*[11], *lämmer und Honer frey sein, wovor die übrigen einwohner den Zehenden*[12] *liefern müßen.*
*Sonst wird das hawigse schlagholz*[13] *darin zu behuff Ihrer Hochfrstl. Dchlt. gehawen und verkauft.*
*Ferner hatt mein gnedigster Herr einen Busch, genant der Imgesbusch*[14] *liegt, auch im Ambt Mißenlohe, und schießt unten mit auf die Eiffken, auf der seithen nach Kaltenherberg*[15] *an den Seifen, oben in der Hohe an die Borighaußer*[16] *Erbschaften und auf der anderen seiten an die Altenberger Erbschaften, helt gemeßen 121 Morgen, ist Bergicht und voller steinklippen und wenig schlagholtz, aber ganz keine eichen darin. Was darin an schlagholtz wird zu behuff Ihrer Hochfrstl. Dchlt. gehawen und verkaufft und liegt in seinen laegen und paelen*[17].
*Mein gnedigster Herr hatt einen Busch der Uhlenbusch*[18] *genant, haltens 42 Morgen, lieget in Daberkusen*[19] *gegen Ihrer Dchlt. Wießen am Lämmerbusche über, schießt unten an die Eiffken vor Haubt und auf einer seithen die Altenberger Busche, auf der anderen seithen an das Seifen biß wieder unten an die Eiffken, liegt auch in seinen laegen und paelen. Und wird das darin befindliche Schlagholz Zu behuff Ihrer Dchlt. gehawen und verkauft, weilen kein Hochwaldt darin. Weiter hatt mein gnedigster Herr einen Busch im Ambt Bornefeldt*[20] *im Kirspel Wermelskirchen gelegen, doch mit ans Kirspel Dhünn und Dabringhaußen schießend, das Eich- und Pilckholtz*[21] *genant, haltet an einem stück und streiche*

[11] Die Besitzer der »vierzehn (Burscheider) Güter« brauchten den Blutzehnten – bestehend in Picken (jungen Schweinen), Lämmern und jungen Hühnern – nicht zu zahlen.
[12] Abgabe, Steuer, Bezeichnung rührt daher, weil ursprünglich der zehnte Teil der Naturalien abgegeben werden mußte.
[13] Hauiges schlagholz = haureifes Nutzholz.
[14] Dieser Wald lag auch in der Gemeinde Burscheid, zwischen den Ortschaften Bellinghausen, Dünnweg, dem Eifgenbach und der Bundesstraße 51.
[15] Kaltenherberger Siefen (enges Tälchen), benannt nach der Ortschaft Kaltenherberg. Sie liegt an der Einmündung der Straße Opladen–Burscheid in die Bundesstraße 51.
[16] Borighauen – Burghausen nach einer mittelalterlichen Burganlage, die heute nur noch im Flurnamen fortlebt. Das heutige Bellinghausen bei Burscheid, nahe der Bundesstraße 51 zwischen Linde und Irlen.
[17] In seinen laegen und paelen = Grenzen eines Grundstückes, hier des Waldes. Die *Laegen* dürfen wohl als Grenzzeichen und die *paele* als Grenzpfähle gedeutet werden.
[18] Uhlebusch (Eulenbusch) lag in der Flur 11, Dabringhausen, in der Nähe des Hofes Luchtenberg (ehemaliges Altenberger Gut).
[19] Daberkusen, heißt heute noch im Volksmunde so – Dabringhausen.
[20] Das Amt Bornefeld lag östlich vom Amt Miselohe und umfaßte die Kirchspiele Remscheid, Wermelskirchen mit der Ober-, Dorf- und Niederhonschaft, Dhünn, Dabringhausen und Fünfzehnhöfe bei Lennep.
[21] Eich- und Pilckholz, ein großer Wald in den Kirchspielen Wermelskirchen und Dhünn. Die Ortschaft Pilghausen lag in diesem Walde.

*333¼ morgen, worin vor diesem eichen gestanden, welche aber vorlengst meistens verkauft, verschenkt und verbaut worden, daß deren izo* [jetzt] *nit viel mehr darin. Das Schlagholtz, welches darin fallen thut, wird zu behuff Ihrer Hochfrstl. Dchlt. gehawen und verkauft, liegt sonst in seinen laegen und paelen.*
*Noch hatt mein gnedigster Herr einen Busch, genant das Brachen*[22] *im Kirspel Witzhelden gelegen, helt an Morgenzahl 206 morgen, ist vor diesem mehrentheilß abgebrant, worin keine eichen, als allein wenig schlagholtz, auch wegen hoher Berg und steinklippen ist nichts darin anzupflanzen. Das wenige schlagholtz, welches darin fällt, wird zu behuf Ihrer hochfrstl. Dchlt. iährlichs gehawen und verkauft, liegt auch in seinen laegen und päelen.*
*Ferner haben Ihre Hochfrstl. Dchlt. einen Busch der Hülferscheider*[23] *Busch genant, helt an morgenzahl 191½ morgen, liegt auch im Kirspel Witzhellen und ist ein ganz magerer Bergichter Busch, worin ganz wenig Schlagholtz und Birken wachßen, und waß darin gehawen wirdt, wirdt zu Behuf Ihrer Hochfrstl. Durchlt. verkauft; liegt auch in seinen laegen und paelen.*
*Desgleichen der orth Busch, Die Hove*[24] *genant, liegt im Kirspel Wermelskirchen in seine laegen und paelen, haltet* 80¼ *morgen, worin kein hohe gewäldse, sondern allein schlagholtz ist, welches, wann gehawen wirdt, zu Behuff Ihrer Hochfrstl. Dchlt. verkauft wirdt.*
*Weiteres haben Ihro Hochfrstl. Dchlt. einen orth Busch, Der Hundhagen*[25] *genant, helt 96¼ morgen, worin ebenmäßig kein hochwäldse, sondern Birken gewächße, liegt im Kirspel Dabringhaußen und ist auch ein magerer Busch. Was darin an schlagholtz gehawen, wirdt zu Behuf Ihrer Hochfrstl. Dchlt. verkauft, liegt in seinen laegen und paelen.*
*Mein gnedigster Herr hatt bey Erberich*[26]*, unter dem Altenberger Closter liegend, Sechs orth Busches, die Werden genant und halten wie folget:*

[22] Brachen, ein Waldgelände zur Sengbachtalsperre hin gelegen, Gemeinde Witzhelden. Es war in den Burg- und Dombrachen aufgeteilt. Letzterer gehörte dem Domkapitel in Köln; es verwandte die Einnahmen aus diesem Walde zur Unkostendeckung seines Hofgerichtes in Grünscheid bei Burscheid. Die Ortschaft Brachhausen, zwischen Kuhle und Meie, unweit der Straße Hilgen–Witzhelden, ist nach dem alten Grafenwald benannt.
[23] Der Hülverscheider Busch dehnte sich nordöstlich vom Brachen aus. Er lag unweit der heutigen Ortschaft Hülverscheid in der Gemeinde Witzhelden.
[24] Die Hove lag in Wermelskirchen in Flur III. Dabringhauser Straße, Richtung Sonne fast bis Finkenholl.
[25] Der Hundhagen in Dabringhausen, zwischen Forthausen und Doktorsdhünn.
[26] Erberich, Ortschaft an der Straße Blecher–Odenthal, weist heute noch auf den Erbericher Waldbestand, der sich auf sechs Gebiete verteilte, hin. Alle lagen in der Nähe der Burg Berge und gehörten somit zum ältesten Besitz der bergischen Grafen: Leimbach, Wasserlauf im Gebiet zwischen Kölner Landstraße und Blecher, mündet in die Dhünn.

*Das erste, die Leimbach genant, haltet 21 morgen,*
*das andere heißet die Steingrube, helt 16½ morgen,*
*das dritte heißet der große Grimberg, haltet 15½ morgen,*
*das vierte heißet der Deunreberg,[29a] haltend 13 morgen,*
*das fünfte heißet das Dorerholtz, haltend 7½ morgen,*
*das sechste orth liegt bei der Gronenborner Wießen haltend 4 Morgen 1½ firtel, die Hertzogen Irlen genant.*

*Und liegen diese orther alle in ihren laegen und paelen, worin kein hohe gewaldse, sondern allein schlagholtz von Böken, Eichen und Birken gewächß. Und seind diese vorgemelte Sechs orther Büsche unterm 14. Juni 1683 hinwieder auf Zwölf Jahr lang an Henrichen Peterß zu Strachelhaußen und Thomaßen auf der Heyden[27] verpachtet, daß von solchen Sechs orthern Jährlichs zu Martini vor Pacht Zahlen sollen 8 Reichthaler. Der orth Busch, Der Sondert[28] genant, im Ambt Bornefeldt gelegen, helt 43 morgen und ein firtel, worin kein Hohe waldt, sondern allein schlagholtz von Eichen, Böken und Birkengewächse, mager grundt, liegt auch in seine laegen und paelen, schießt ans Ambt Steinbach[29], und wann Holtz darin zu hawen, wird solches zu Behuf Ihrer Hochfrstl. Dchlt. verkauft.*

*Das orth Busch, der Reißberg genant, liegt im Kirspel Wermelskirchen unter Wullersberg[30] in seinen laegen und paelen helt 38¼ morgen, ist ein ganz schlecht und magerer Busch mit wenig Eichen und stöcke bewachßen. Wann schlagholtz darin zu hawen, wird zu Behuf Ihrer Hochfrstl. Dchlt. gebrauchet. Die Zwey orhter Busch, das Grachtholtz genant, liegen im Kirspel Dabringhaußen in ihren laegen und paelen, halten iedes stück 14 morgen, ist auch ein schlecht magerer Busch Birken und Böken gewächße. Das orth Busch, Die Hardt[32] genant, im Kirspel Wermelskirchen gelegen, in seinen laeg und pöelen haltet 54 Morgen, ist ebenmeßig ein magerer Busch mit Birken und Böken bewachßen, was darin zu Hawen, wirdt zu Behuf Ihrer Hochfrstl. Dchlt. berechnet.*

*Mein gnedigster Herr hatt drey örtgen Buschs im Kirspel Wermelskirchen unter der schmidtstraßen, bey der Beudelshoven[33] gelegen, undt werden genant das erste Jungholtz, heltent 5¾ Morgen, das zweite heißet Der Grimberg haltent 1¼ morgen, das dritte heißet Die große Vurth haltet 1¼ morgen, liegen alle in ihren laegen und paelen, und seind magere wenig mit Holtz bewachßene örtergen.*

*Der Busch, Der Burgsberg genant unter dem Hain von der Eßelsfarth[34] an biß*

[27] Wahrscheinlich Pächter des Heiderhofes (Altenberger Gut) unweit der Ortschaft Holz an der Straße Blecher–Odenthal.

[28] Dieser Wald lag im Dabringhauser Gebiet in der Flur VII bei Lindscheid.

[29] Bergisches Amt zwischen Wupper- und Dhünnlauf im Norden und der Agger im Süden; grenzte an die Ämter Hückeswagen, Bornefeld, Porz.

[30] Wullersberg = Wöllersberg, Gemeinde Dhünn.

[32] Die Hardt lag in der Nähe der Ortschaft Ledder bei Dabringhausen, Flur II.

[33] Die Beudelshoven an der Straße Tente–Ellinghausen, Wermelskirchen.

[34] Eßelsfarth = Siefen südöstl. der Burg.

*auf den Trogh*[35] *ist etwas Hochwaldt darin und helt gemeßen 25 morgen, der Busch ober dem Trogh biß wieder an die Eßelsfarth haltet 8 morgen, ist abständig Hohe waldt darin, welcher doch vor diesem durch die Kriegsvölker mehrentheilß niedergehawen, was von Brandholtz darin fallet, wird zur Kellnerey Burgh gebraucht. Wann auch Eker darin, so genießet der Kellner auf 6 ferken ekers*[36] *mit.*
*Der Busch Unter dem Hain*[37] *biß auf den Selmsseifen ist hiebevor Hochwaldt geweßen, stehen aber ietzo wenig Eichen mehr darin, sondern mehrentheilß vergängliche eichen undt Bökenstock und Birkengewechß darin, hatt gehalten 100 morgen, worauß aber in Anno 1575 etliche morgen landt und garten gerodet und gemacht, worab aber meldung geschehen. Das darin befindliche wenige Brandholtz wird zur Kellnerey Burgh gebrauchet.*
*Der orth Busch, Der Burkertsberg genant, liegt gegen obgemelten Busch über an einem Berghe und schießt oben an die Selscheider*[38] *felder, in seinen laegen und paelen gelegen helt 49 Morgen, worin wenig vergängliche eichen und Bökenstöcke und Birken gewächße, worin das Schlagholtz auch zur Kellnerey Burg gebraucht wird.*
*Endlich ist ein Buschgen, Der Hunerbusch*[39] *genant, liegt nechst oben beschriebenem Busche haltet 3½ morgen, ist ganz mager und mit wenig eichen und Bökenstöcken bewachßen. Wann Schlagholtz darin gehawen wirdt, solches wirdt zur Kellnereyen gebrauchet.*
*Das Schlagholtz in den gemelten vier Büschen ist in vier theile abgetheilt, deren ides iahres einen Zeitlicher Kellner zu seiner notturft hawen und einführen läßet.*
*Und wan in obgemelten Büschen ein oder anderer Betroffen wird, welcher schaden darin thuet mit Holtzhawen oder laub und strewels*[40] *abnehmung, dieselben werden durch die Buschförster oder Thurmknechte*[41] *an der Kellnerey dem Kellner angeben und nach befinden gestrafet, darab haben die Angebere von alters hero den Zwantzigsten = Zeitlicher Kellner aber den Zehnten pfennig genoßen.*
*Meinem gnedigsten Herrn wird iährlichs von den Samtlichen erben auf Reichrader Gemarken*[42]*, daß Ihro Hochfrstl. Dchlt. Ihnen durch dero Thurmknechte alhier gewalt steuern laßen, wie oben gemeldet, an gelldt erlegt drey rader marken*[43]*, und*

[35] Im Trog = nordwestl. der Burg, Siefen v. d. Jugendherberge zum Eschbach verlaufend.
[36] Der Kellner zur Burg war berechtigt, wenn es reichlich Eicheln gab, sechs Schweine mit in die »Eckern« (Eicheln) zu treiben.
[37] Waldgelände zwischen Burggelände und dem Busch Burgsberg.
[38] Seelscheid = Ortschaft a. d. Straße Burg–Wermelskirchen.
[39] Der Hunerbusch, Kirchspiel Burg, Flur IV.
[40] Laub und gehauenes Heidekraut, als Streu im Viehstall gebraucht.
[41] Die Turmknechte standen im Dienst des Burgherrn oder seines Kellners als Polizeidiener.
[42] Gemeindewald in der Herrschaft Richrath.
[43] Rader-Mark = Münze mit dem Prägebild des Mainzer Rades.

*dann haben die Thurmknechte eine gewalt*[44] *Holtz gleich den erben genoßen*[45], *welche aber zu Behuf Ihrer Hochfrstl. Dchlt. nunmehr eingezogen, und wirdt dieselbe iährlichs mit angewießen, welche Holtzgewalt vor ein gewißes geldt verpachtet und in der Kellnereyrechnung gemeldet wird. Izo ist dieselbe an* [einen] *zu Immigradt auf ein Jahr verpachtet, darab zu Martini 1688 zu bezahlen zwey Reichsthaler.*

## 3. Drei Burger Hofgerichte

Mit der Ausübung ihres Amtes als Kirchenvögte setzten sich die bergischen Grafen im Laufe der Zeit auch in die Rechte der Grund- und Lehnherrn über bestimmte Landgebiete. Im ersten Viertel des 12. Jahrhunderts verfügten sie schon über beachtlichen Besitz in den späteren Ämtern Porz und Bornefeld, den sie um 1150 im Amt Miselohe und um 1180 auch in der Umgebung von Solingen erweiterten. Zur Verwaltung des angefallenen Land- und Hofbesitzes sind die Güter einzelner Bezirke zu Hofesverbänden zusammengeschlossen worden; sie unterstanden einem Fronhof, wo das Hofgericht tagte. Die Inhaber solcher Höfe bildeten einen genossenschaftlichen Verband. Die Pflichten der Hofesgenossen in betriebswirtschaftlicher Hinsicht gegenüber dem Lehnherrn, wie auch unter sich, waren in einer Verfassung, Weistum genannt, niedergelegt. »Der Inhaber des Oberhofes bildete zusammen mit den gewählten Hofes-Geschworenen das Hofesgericht.« Besondere Aufgaben waren Hofschreiber und -boten übertragen.

Zweimal im Jahre – gewöhnlich im Frühjahr und Herbst – trat die Gerichtsversammlung unter dem Vorsitz des Grundherrn oder seines Stellvertreters, dem Schultheißen, zusammen. Starb ein Hofinhaber, dann mußte am Gericht die neue »empfangende Hand« bestimmt werden. Dabei war die Churmud fällig, eine, je nach der Größe des Gutes verschiedene Viehabgabe, die in späterer Zeit in einen Geldzins umgewandelt worden ist. Besitzer großer Höfe entledigten sich der Churmud durch Abgabe eines Pferdes oder einer Kuh, bei kleineren Höfen kamen die Erben mit einem Schwein oder Huhn davon. Der Hoheit Burg unterstanden bis zum Anfang des 19. Jahrhunderts drei Oberhöfe. Davon lag einer in der Nähe von Burg Berge[1] an der Dhünn, in der heutigen

[44] Holznutzungsmaß. Für die Richrather Waldmark galt als kleinstes Maß das Rod oder Rad. Davon bildeten 4 eine Gewalt und 6 Gewalten oder Gewelde 1 Summe.

[45] An der Waldnutzung Berechtigte.

[1] Grafenburg bis 1133.

Gemeinde Odenthal, einer im Amt Miselohe, in Eichen bei Witzhelden, und der dritte in Schnittert bei Wald, im Amte Solingen. Nach der Lage zu urteilen, wird Holz bei Odenthal das älteste Gericht gewesen sein. Fast alle Höfe, die dem Oberhof Eichen unterstanden, verteilten sich mit wenigen Ausnahmen auf die Gemeinde Witzhelden. Sie sollen nach einer nicht urkundlich verbürgten Nachricht auf die Siedlung niederländischer Kolonisten zurückgehen. Schnittert bei Wald ist wohl der jüngste Hofesverband. Mit ihm beginnen aber die Aufzeichnungen im Lagerbuch (s. Übersichtskarte zum Burger Lagerbuch, nach Seite 126).

*Mein gnedigster Fürst und Herr hatt zu dero Hauße und Kellnereyen Burgh drey Hof- und Lehngerichte. Das erste ist gelegen im Kirspiel Waldt und wird genant das Hofgericht zu Schnittert, schießt mit ins Ambt Mettmann, hält einen Hofschultheißen, vier Scheffen und einen Hofsbotten, der auch jährlichs die Ihrer fürstl. Dchlt. darab erfallende 2 Rchtlr. 11 Rchspfg. Pfennigsgeld, 17 Malter*[2] *Haber und 35 Hühner aufhebet und einem zeitlichen Kellner zur Burgh einliefert.*

*Der Zeitlicher Kellner aber ist wegen Ihrer Fürstl. Dchlt. Lehnverwalter, und hatt über den eigenthumb dieser Lehn- und Hofgüter zu richten; und wann Schuldheiß, Scheffen und Botte sterben, so erwehlet andere von den Qualificirtesten auf den Churmutigen gütern. Auch erkennt derselbe, wann solche güter verschrieben Immihsion*[3] *und taxation*[4] *von alters hero, und soll daß gericht Jahrlichs zwey mahl, alß umb Martini und in Mayo gehalten werden.*

*Es seind zu diesem Hofgericht 10 Churmutige güter gehörig, welche heißen wie folgt:*

*Das erste heißet Auf der Bockstiegen*[5]*, welches doch verschiedene Außsplißе hatt, womit izo Johann Krieges daselbst belehnet. Daß guth gibt sonst Jahrlichs in die Kellnerey Burg, so der Hofsbote empfengt und einliefert*

*an Pfennigsgeld* ........................ 5 *Radarschilling 3½ Radarhllr*

*an Hunern* ........................... 18 stück

*Das zweite heißet Engelßberg*[6]*, woraus der Korffsberg,*[7] *Kaule*[8] *und Rempalt*[9] *gespließen, daselbst ist Peter Engelsberg Lehnmann.*

*Dies gut Engelsberg gibt Jahrlichs an Pfenningsgeld 2³/₄ Rhlr an Huner 5 stück, an Habern 5 Mltr. 1¹/₂ Frtl.*

*Das dritte churmutige gut heißet Brochhausen*[10] *und ist Zieliß daselbst Lehnmann,*

[2] Malter = Gewichtseinheit, etwa 180 Pfd.
[3] Zu einem Nachbargrundstück gezählt werden.
[4] Schätzung des Hofwertes.
[5] Gut bei Solingen-Ohligs; es war schon in verschiedene Teile versplissen.
[6 bis 9 u. 11] Auch diese Höfe lagen im Gebiet Solingen-Ohligs.
[10] Brochhausen, heute Broshaus.

*und hat dies gut auch verschiedene ausspliẞlinge, geben zusammen Jahrlichs Pfenningsgeld 7 Rtlr. an Huner 7 stück, an Haber 5 Mltr. 3 fiertel.*

*Das vierte churmutige gut heißet Maubiß*[11]*, daselbst ist Hermann Maubiß zum Lehnmann angeordnet, hat einen Ausspliẞling. Das gut gibt an Pfennigsgeld 4 Raderschilling, 4 Raderheller, an Huner 4 stück, an Haber 2 malter.*

*Das fünfte churmutige gut heißet zu Schnittert. daselbst ist Johann zu Schnittert Lehnmann, hat auch einige Ausspliẞlinge, gibt Jahrlichs an Pfennigsgeld $3^1/_2$ Radschilling an Haber 3 Malter 12 firtel.*

*Das sechste churmutige gut heißt Stengelsdorff*[12]*, daselbst ist Johann Keyßer Lehnmann, und gibt dieß gut Jahrlichs an Pfennigsgeld $3^1/_2$ Raderschilling, an Hunern 1 stück, an Haber 1 Malter.*

*Das siebende churmutige gut heißet Kamphaußen*[13] *liegt im Ambt Mettmann. Daselbst ist izo Frantz Zensiß Lehnmann, gibt Jährlichs an Pfennigsgeld $3^1/_2$ Raderschilling.*

*Das achte churmutige gut heißet Ellscheidt*[14]*, Balthasars gut, liegt auch im Ambt Mettmann, womit izo Peter daselbst belehnet und gibt Jahrlichs an Pfennigsgeld $3^1/_2$ Raderschilling.*

*Das neunte churmutige gut heißet Caspers gut zu Ellscheidt, liegt auch im Ambt Mettmann, damit ist Arnt daselbst belehnet, gibt Jährlichs an Pfennigsgeld $3^1/_2$ Raderschilling. Das zehnte churmutige gut liegt ebenmeßig im Ambt Mettmann, genant Klophausen*[15]*, damit ist Engel daselbst belehnet, gibt an Pfennigsgeld $3^1/_2$ Raderschilling.*

*Soweit die beschreibung des Lehngerichts zu Schnittert und dessen zugehörige churmutige güter und ist die Summa an Pfennigsgeld 41 Raderschilling, Huner 35 stück, an Haber 17 malter $^1/_2$ firtel.*

*Darab liefert der Hofsbote jährlich einem Zeitlichen Kellner an Pfennigsgeld 35 Raderschilling, Huner 30 stück, an Haber 17 malter. Das übrige aber behelt derselbe vor sein Aufheben von alters hero.*

*Folgt Beschreibung des zweiten Hof- und Lehngerichts, genant Zum Holz*[16]*, schießt ins Ambt Portz, Miesenlohe und Bornefeld, hatt einen Hofschultheißen, sieben Scheffen und einen Hofsbotten, der auch die darob erfallende Pfennigsgelder und Huner empfangt, ein zeitlicher Kellner zur Burgh ist Lehnverwalter und hat darüber zu richten in aller maßen nichts ausbeschlossen wie über das vorherbeschriebene Hofgericht zu Schnittert. Es sind aber zu diesem Lehngericht gehörig neun churmutige güter und sieben Kottgütter*[17]*, welche heißen wie folget:*

*Das erste churmutige gut heißet zum Holze, liegt im Ambt Portz, daselbst ist*

[12] bis [16] Churmutsgüter, alle im Amt Mettmann gelegen.

[16] Dieser Fron- oder Oberhof lag im Amt Porz, Gemeinde Odenthal, an der Straße Blecher–Odenthal.

[17] Kottgüter = Höfe, von einem Haupthof abgeteilt.

*izo Johann zum Holze Lehnmann und ist dies gut in vier theile versplißen und gibt Jahrlichs an Pfennigsgeld 2 Raderschilling, an Hunern 1 stück.*
*Das zweite churmutige gut heißet Erberich*[18]*, im Ambte Portz, und ist in sechs theile verspließen. Daselbst ist izo Michael zu Erberich Lehnmann, und gibt dies gut Jahrlichs an Pfennigsgeld 0, an Hunern 3 stück.*
*Das dritte churmutige gut heißet Strachelhausen*[19] *liegt auch im Ambt Portz, ist in viele theile verspließen, deren etliche bey andere güter gebraucht werden. Daselbst ist Henrich Peterß Lehnmann, gibt Jährlichs an Pfennigsgeld 1 Raderschilling und 1 Huhn.*
*Das vierte churmutige gut, Schickberg*[20] *genant, liegt auch im Ambt Portz, ist nicht verspließen, daselbst ist Steffen Lehnmann und gibt Jährlichs an Pfennigsgeld 1 Rdschl. an Hunern 1 stück.*
*Das fünfte churmutige gut liegt im Ambt Bornefeldt, genant Rölscheidt*[21]*, welches dem Obristlieutenant Eller eingenthümlich zukombt und durch Hofleuthe bewohnt wirdt. Daselbst ist Statius noch Lehnmann und gibt dieses gut an Pfennigsgeld 1½ Raderschilling.*
*Das sechste churmutige gut heißet Eschhaußen*[22]*, liegt im Ambt Mißelohe, ist in drey theile verspließen und ist Erne Paß Lehnmann daselbst, gibt an Pfennigsgeld 1½ Rdschl.*
*Das siebente churmutige gut liegt auch im Ambt Mißelohe im Kirspel Steinbüchel*[23]*, Niederblecher*[24] *genant, daselbst ist Steffen Gorgens iziger Hofsbote Lehnmann, ist in fünf theile verspließen und gibt an Pfennigsgeld 2½ Raderschilling, an Hunern 1 stück und von einer Wiesen 5 Raderheller.*
*Das achte churmutige gut heißet Birkhanen-Berg*[25]*, liegt auch im Kirspel Steinbüchel, daselbst ist Peter Lehnmann und gebraucht das gut allein, gibt an Pfennigsgeld 2 Radschlg.*

[18] Erberich an der Straße Blecher-Odenthal, Rheinisch-Bergischer Kreis.
[19] Strachelhausen = Stragholz – mundartlich Strachels – ein Hof der schon vor Jahrzehnten unterging. Lag in der Nähe der Schule Hütgen, Gemeinde Odenthal.
[20] Schickberg, schon 1351 urkundlich erwähnt, Gemeinde Odenthal, oberhalb Grimberg, rechts der Straße Altenberg–Bechen.
[21] Rölscheid, Gemeinde Dabringhausen, unweit Grunewald nach Kelzberg hin.
[22] Eschhausen zwischen Hilgen und Dünweg, östlich der Köln–Berliner Straße, Oberburscheid.
[23] Steinbüchel bei Lützenkirchen, Rittersitz mit eigenem Kirchspiel, heute Stadtteil von Leverkusen.
[24] Niederblecher, in älteren Urkunden auch Unterblecher genannt. Wird schon 1270 in einer Altenberger Urkunde erwähnt, betr. Ritters Kunzo, der am letzten Kreuzzuge teilnahm, heute Stadtteil von Leverkusen-Steinbüchel.
[25] Birkhahnenberg im Kirchspiel Steinbüchel, heute Stadtgebiet Leverkusen.

*Das neunte churmutige gut heißet Stephan Menges gut auf der Vetterhennen*[26], *daselbst ist Thönnis oßwald Lehnmann und gibt dieß gut an Pfennigsgeld ...*
*Soweit erstrecket sich die beschreibung der neun churmutigen gütern des Hoffgerichts Zum Holtz.*
*Nun folget die beschreibung der Kottgüter zu ermeltem Hoffgerichts zum Holtz gehörig, welche, so oft die empfangende Handt stirbt oder abgehet an Haus Burg inner 30 tagen erscheinen und dem Lehnverwalter doppelten Zins und eine neue Handt präsentiren müssen, und geben sonst auch an Hunern und Pfennigsgeld, wie dabei verzeichnet.*
*Das Kottgut Zur Straßen*[27] *liegt im Kirspel Odenthal, Ambtes Portz, welches Dietrich daselbst besitzt und die Handt darab empfangen, und ist von alters hero der gebrauch, wann ein Zeitlicher Kellner das gericht besitzt, daß dann der einhaber dieses Hofs muß erscheinen und vor des Kellners als Lehnverwalters pferdt die Haber liefern, so es Zeit wehrenden gerichts verzehret und vor die Huner, so vom Hofgericht und Lehnleuthen gegeben werden, so lange der Hofsbote dieselbe in seinem Verwahr hat, das futter hergeben; dessen ist er von dem stück landes, unter dem hoff gelegen, Zehend frei.*
*Sonst gibt das gut an Pfennigsgeld 6 Raderschilling, und Huner 6 stück.*
*Das zweite Kottgut zu Erberich*[28] *im Kirspel Odendahl besitzt Gerhardt Grüße, gibt weder Pfennigsgeld noch Huner.*
*Das dritte Kottgut Zum Düllmen*[29] *genant, im Kirspel Odendahl gelegen, besitzet izo Joachim Bürger, der Rechten Doctor zu Cölln, sind zwey Wohnungen und wird durch Pächter izo bewohnt, gibt an Pfennigsgeld 0, an Huner 10 stück.*
*Das vierte Kottgut liegt im Kirspel Steinbüchel, Ambts Missenlohe, Zum Gronenborn*[30] *genant, ist in fünf theile verspließen ... und gibt das allinge gut*

[26] Vetterhennen, an der B 51 östlich von Schlebusch, gehört heute zum Stadtkreis Leverkusen. In der Ortschaft steht hart an der Straße ein Kapellchen, das von dem Steinbücheler Geistlichen bedient wurde. C. Breuer »Ortsnamen von Leverkusen-Steinbüchel« deutet den Namen als »fetter Hag«.

[27] Es gibt in der Gemeinde Odenthal zwei Höfe »Zur Straßen«. Einer davon liegt an der Straße Blecher–Odenthal, schon 1373 urkundlich bezeugt.

[28] Erberich an derselben Straße. 1308 schon in einer Altenberger Urkunde (Mosler: Altenberger Urkundenbuch I) erwähnt. Ältere Schreibweise Ercburg, eine auf der Dhünnhöhe gelegene Wallburg. (Siehe Hinrichs: Bauernburgen und Rittersitze 1938 S. 14.)

[29] Zum Dülmen an der Straße von Eberich über Gronenborn nach Schnorrenberg. Ein Heinrich Haese van den Dülmen wird in einer Urkunde von Altenberg 1356 genannt. (Mosler: Altenberger Urkundenbuch I Seite 625.)

[30] Zum Gronenborn liegt auch an der Straße, die, von Erberich kommend, bei Schnorrenberg die Köln–Berliner Landstraße erreicht. Mit Engelbert von Steinbüchel und Heinrich von Ropreitsdale ist auch Heinrich von Grünynbürne Altenberger Urkunde von 1340 genannt (Mosler: Altenberger Urkundenbuch I. Seite 535.)

*mit der Kuppelßwießen Jahrlichs an Pfennigsgeld 4 Raderschilling und an Huner 15 stck.*
*Das fünfte Kottgut liegt auch im Ambt Mißenlohe, aber im Kirspel Witzhelden zu Höchschet*[31] *ist in drey theile verspließen, worab Hans Wilhelm daselbst die Handt empfangen, und gibt das allinge gut an Pfennigsgeld 3 Raderheller.*
*Das sechste Kottgut liegt im Kirspel Burscheid, Ambts Missenlohe, ist genant zu Oessinghaußen*[32]*, ist auch in vier theile verspließen, worab Becker die Handt empfangen und gibt das gut an Pfennigsgeld 8 Raderheller.*
*Bey das Hoffgericht zum Holtz gehoret noch:*
*Johann auf dem Boddenberg*[33] *1 Hun.*
*Item die Lenß-Leimbach*[34] *gibt jährlichs 3 Huner, 3 Raderheller*
*Item Limmerkaußen*[35] *3 Raderheller.*
*Oberblecher*[36] *von des Schloßmechers wieße ½ hun 6 Rdhl. Die Leimbachs wießen, so die Holtzer in gebrauch haben, 1 hun, Donnersgut zu Blecher, Wilhelm ... 1 Hun und 2 Raderheller.*
*Noch hatt dieß Hofgericht Zum Holtze vor alters Ihrer Curfstl. Dchlt. Vorfahren Grafen und Hertzogen zu dem Berg auch vier Malter Haber auß den Churmutigen und Kottgütern geliefert, welche aber vor langen iahren an das Closter Zum Altenberge übertragen und gegen ein an der Burgh gelegenen Kamp angetauschet sein solle, welche Haber gemeltes Closter auch noch empängt.*
*So weitt die Beschreibung des Hoff und Lehngerichts Zum Holtze und ist die Summa:*
*An Pfennigsgeld 30½ Raderschilling und 44½ Huner davon ist ein Hun nemblich zu Donnersberg strittig und 2 Radheller. Hiervon liefert der Hofsbotte*

[31] Höschet = Höscheid bei Witzhelden.
[32] Oesinghaußen = Ösinghausen in Oberburscheid bei Hilgen gelegen.
[33] Ortschaft Boddenberg – nicht verwechseln mit Neuboddenberg – unweit der Bergischen Landstraße in der Pfarre Steinbüchel, Stadt Leverkusen.
[34] Lenß-Leimbach, heute Längsleimbach, mundartlich Längslehmig, gehört auch zur Pfarre Steinbüchel. C. Breuer sagt darüber, um auf den Sinn des Namens zu kommen: »Der von Neu-Boddenberg vorbeiführende Weg hieß früher Lentzes Kirchweg und davon kommt auch der Ortsname.« In einer Altenberger Urkunde von 1264 wird schon Arnold de Leinbegge, wohl Besitzer des Hofes im Tale des Leimbach, erwähnt. (Siehe Mosler: Altenberger Urkundenbuch I Seite 178.) Im selben Tal liegt auch der Hof Halfen- oder Mönchsleimbach.
[35] Limmerkußen = Limmringhausen, zu Dabringhausen gehörig, an der Straße Dabringhausen–Altenberg.
[36] Oberblecher, nördlichster Teil der großen Ortschaft Blecher in der Gemeinde Odenthal. 1302 schon unter dem Namen Bleghere genannt in einer Altenberger Urkunde. (Mosler: Altenberger Urkundenbuch I, Seite 387, 626, 627, 629, 649, 757.)

*und hat mir geliefert, seithero ich Kellner gewesen, jährlichs an Hünern 36 stück, an Pfennigsgeld zwei radermark.*

*Das übrige aber haltet derselbe vor sein Aufheben von altersher.*

*Hernach folgt die beschriebung des dritten Hofgerichtes Zum Eichen*[37] *genant, liegt im Ambt Missenlohe im Kirspel Witzhelden, hat einen Hofschuldheißen, vier Scheffen und einen Botten, welcher die Huner und Pfennigsgeld aufhebet und zeitlichem Kellner einliefert, und ist ein Zeitlicher Kellner zur Burgh Lehnverwalter über solch gericht, hat darüber ebenmeßig in aller weißen zu richten wie über die Hofgerichter zu Schnittert und Holtze. Dazu sollen die nachbenente 19 churmutige güter gehörig sein, wie ich specificirt finde, deren etliche doch gar gering sein und heißen wie folgt:*

*Das erste heißet Zum Berne*[38]*, darauf ist Johan zum Berne, iziger Scheurer Halfmann, Lehnmann.*

*Das zweite churmutige gut heißet Wilhelm Werßbachs gut, liegt auch Zum Berne*[39]*, ist in zwei theile verspließen und ist Johan Schmidt daselbst Lehnmann darüber.*

*Das dritte Churmutige gut Zum Berne, Johann Kochsgut genant, ist auch in zwey theile verspließen. Johann Hillger aber ist Lehnmann darüber.*

*Diese vorbeschriebenen drei güter zum Berne geben jährlichs zusammen an Pfennigsgeld 2 Raderschilling und an Huner 2 stück.*

*Das vierte Churmutige gut liegt in der Wietschen so Rorichs Erben auf der heyden gehabt, darüber ist izo Johan Saur Lehnmann.*

*Das fünfte Churmutige gut liegt auch in der Wietschen, so Johann Berg besitzt und Lehnmann darüber ist.*

*Das sechste Churmutige gut auch in der Wietschen gelegen, Paulußgut genant, welches ebenmeßig obgemelter Johann Berg besitzet und darüber Lehnmann ist.*

*Das siebente Churmutige gut in der Wietschen, Henkengut genant, welches Gottschalk Rahm besitzt und daselbst Lehnmann ist.*

*Das achte Churmutige gut, Meinertzhagengut in der Wietschen genant, welches Gokkel in der Wietschen gehabt, unmehr aber an Friedreichen in der Lämbgen verkauft.*

*Das neunte Churmutige gut nechst der Wietschen, auf der Windfochen*[40] *genannt, welches Claus daselbst in besitz und darüber Lehnmann ist.*

[37] Eichen bei Witzhelden im Vierschelsbachtal an der Straße, die zwischen Krähwinkel und Metzholz von der Straße Witzhelden–Leichlingen abgeht und über Wietsche nach Nagelsbaum bei Burscheid führt.

[38] Die Ortschaft Bern, Quellgebiet des Wersbach, unweit der Straße Witzhelden–Hilgen in südlicher Richtung. In Berne, heute Bern, lagen drei churmüdige Hofsgüter.

[39] Im Vierschelsbachtal lagen 5 Güter »in der Wietschen« genannt, unweit des Gerichtshofes Eichen.

[40] Nahe dabei lag ein Gut »auf der Windfochen«, heute Windfoche genannt, Weg dorthin zweigt bei Krähwinkel von der Straße Witzhelden–Leichlingen ab.

*Die vorbeschriebenen sechs güter geben zusammen an Pfenningsgeld 9 Raderschilling, an Hunern 9 stück.*

*Das zehende Churmutige gut, Zum Eichen genant, nechst Ihrer Fürstl. Dchlt. Hof zum Eichen gelegen, daselbst ist Wilhelm zum Eichen Lehnmann, gibt an Pfennigsgeld 16 Raderheller.*

*Das eilfte Churmutige gut bey Claßholz*[41] *der Steinkamp genant, und Hermann Krautmacher mit belehnt ist gibt Jahrlichs an Pfenningsgeld 1 Raderschilling, an Hunern 1 stück.*

*Das zwölfte Churmutige gut Zum Claßholtze, Jacobs gut genant, daßelbe besitzt Johann zum Busche und ist damit belehnet, gibt an Pfennigsgeld 1 Radschl. an Huner 1 stück.*

*Das dreizehnte Churmutige gut Zum Claßholtze, Steffensgut genant, daßelbe besitzet auch Johan vorm Busche und ist damit belehnet, gibt an Pfennigsgeld 1 Raderschilling, an Hunern 1 stück.*

*Das vierzehnte Churmutige gut, genannt henken gut zu Heschet*[42], *damit ist Bertram schmidt belehnet gibt an Hunern 3 stück.*

*Das fünzehnte Churmutige gut heißt Auf dem orth*[43] *welches izo Johann Claußen besitzt und zum Lehnmann angeordnet, ist in zwei theil verspließen und gibt kein Pfennigsgeld noch Huner.*

*Das sechzehnte Churmutige gut liegt auch aufm Orth, woselbst Johann Blaßberg Lehnmann, ist in zwei theil verspließen und gibt kein Pfennigsgeld noch Huner.*

*Das siebenzehnte Churmutige gut liegt Zu Heschet und ist Clemens Flock daselbst zum Lehnmann angeordnet, gibt jahrlichs an Pfennigsgeld 6 Raderheller.*

*Das achtzehnte Churmutige gut liegt zu Heschet, wird Peter Reißgens gut genannt, woselbst Peter Bennkusen zum Lehnmann angeordnet, gibt an Pfenningsgeld 1 Raderschilling und an Hunern 1 stück.*

*Das neunzehnte Churmutige gut liegt Zum Dhumb*[44], *woselbst Vollmar Pabst Lehnmann, ist in viele theile verspließen, gibt an Hunern 4 stück.*

*Soweit gehet die beschreibung der Churmutigen güter zum Hofgericht zum Eichen gehörig.*

*Nun folgen noch einge güter, so allein Huner und Pfennigsgeldt Jahrlichs in das Hofgericht zum Eichen geben :*

[41] Die Clasholzer Güter lagen auf der Höhe zwischen Holzerhof und Herscheid bei Witzhelden. »Der Steinkamp« besteht nicht mehr.

[42] Zu Heschet, Herscheid bei Witzhelden, an der Straße Witzhelden–Wupperhof–Solingen, lagen drei churmüdige Güter.

[43] An derselben Straße und in derselben Gemeinde lagen auch die zwei Höfe »auf'm Orth«, heute Ort genannt.

[44] Das Gut »zum Dhumb«, heute einfach Dom genannt, liegt in der Gemeinde Burscheid unweit der Straße Neuenhaus–Paffenlöh.

*Allß die Hackswietsche*[45], *so goddert zum Eichen besitzet, gibt an Hunern 4 stück.*
*Zum Schuddiche*[46] *Seger mit seinem Zustandt alß Hermann zum Schuddiche und Friedrichs Witwe daselbst, geben Huner 2 stück.*
*Uff Flammerscheidt*[47] *der Pickelein, Paulus allda, Gradt Tesche und Everts Gridgen geben 2 Huner u. 2 Raderschlg.*
*Uff Wolfstall*[48] *wird von Caspar und Atzelen gut gegeben 1 Hun.*
*Uff Crewinkel*[49] *wird von Peters, Paulußt und Johann Meyers gut Jahrlichs gegeben 2 Huner, 3 Raderschilling.*
*Noch Crewinkel Thiel und Ließen gut geben Jahrlichs an Hunern 3 stück, an Pfenningsgeldt 28 Raderheller, so sie aber nur mit 6 Albus Cöllnisch bezahlen.*
*Summa des Pfenningsgeldt von dem Hofgericht zum Eichen 28 Raderschilling und Huner 37 stück.*
*Darab liefert der Hoffsbotte Zeitlichem Kellnern Jahrlichs an Pfenningsgeldt 16 Raderschilling und an Hunern 30 stück. Der übrige rest ist ihm vor sein aufheben Zugelegt von alters hero, und habe ich dieses also funden.*

## 4. Kameralhöfe als Lehngüter

Während die in Hofesverbänden vereinigten Höfe, die Churmudgüter, nach alten Hofverfassungen, den Weistümern, verwaltet wurden, blieben die Kameralgüter freies Eigentum des Landesherrn. Ihre Übertragung an Pächter erfolgte auf 12 oder 24 Jahre oder auch nach Erbpachtbestimmungen. Es sind dieselben Güter, die nach 1800 in den Domänenverzeichnissen geführt werden.
Unser Lagerbuch führt sie unter »Erbpächte, Renten und freie Höfe« auf (s. Übersichtskarte zum Burger Lagerbuch, nach Seite 126).

*Mein gnedigster Herr hat einen freyen Hoff und Cammerguth nechst ober der Burgh iedoch im Ambt Bornefeld und Kirspel Wermelskirchen gelegen, genant*

[45] Siehe Anmerkung Nr. 39.
[46] Mühle im Weltersbachtal an der Straße Oberbüscherhof–Metzholz. Der Hof lag oberhalb der Mühle, besteht heute nicht mehr.
[47] Flammerscheid, Gemeinde Witzhelden, Straßengabelung: Witzhelden–Glüder und Witzhelden–Wupperhof.
[48] »Uff Wolfstall«, heute Wolfstall Gemeinde Witzhelden, bei Ort – siehe Anmerkung 43 – gelegen.
[49] Crewinkel, das heutige Krähwinkel, Gemeinde Witzhelden, Quellgebiet des Weltersbach. Außer den zwei hier genannten Gütern muß es noch weitere Güter dort gegeben haben; denn Krähwinkel ist nächst dem Dorf die größte Ortschaft in der Gemeinde. Postalisch wird heute zwischen dem I., II. und III. Krähwinkel unterschieden.

*der Hoff zu Nieder-Winkelhaußen*[50] *; (er) soll von Alters der Küchenhof*[51] *zum Hauße Burg gewesen sein. Dieser Hof soll an Morgenzahl alß an Hauß, Scheur, Hoff, garten, Wießen, Land und Büschen zusammen halten 106 Morgen anderthalb firtel*[52] *sechs roden, ist in diesem 1688.Jahr bei der Hochfrstl. Rechenkammer an Peter Paßen hinwieder auf 12 iahr, idoch zu sechßen nach belieben abzustehen, verpachtet umb iährlichs darab termino Martini zu bezahlen 75 Reichsthaler. Und gibt von iedem Hundert, so in der Hondschaft Wermelskirchen an Landsteuern umbgelegt werden ...*
*Sonst aber ist dieß ein freyer Hoff.*
*Mein gnedigster Herr hatt einen Hoff oder freyes Cammerguth, genant der Scheuerhoff*[53]*, im Kirspel Leichlingen gelegen, sollte halten an Hauß, Hoff, garten landt und Büschen 126 morgen anderthalb firtel drey roden, welcher Hof neben einer Ihrer Hochfrstl. Dchlt. zustendiger Wießen die Gronenborner Wieße*[54] *genannt, bey dem Altenberg gelegen und viertehalben morgen eilf roden anhalten solle sambt dem Rothzehenden*[55] *im Kirspel Leichlingen gelegen, laut Pfandverschreibung vom 6. Augusti 1641 und darüber ergangenen gnedigsten Befehl verpfandet und eingeraumet Henrichen Mommen*[56] *vor 2800 Reichsthaler, welches Pfandrecht gemelten Mommen erbgenahmen an Ihrer Hochfrstl. Dchlt. gewesenen Cammerrath Herrn Matthißen Sanden sehl. erben cedirt und übertragen, Ihre Hochfrstl. Dchlt. auch unterm 28. Jan. 1676 gnedigst ratificirt, und anneben gnedigst Befehlen ermelten Sanden sehl. erben bey dem inhalt solcher Pfandverschreibung zu manuteniren. Und gibt der izige Pächter solchen Hoffs davon, wie auch vom rothzehendn zu Leichlingen jahrlichs gemelten erben an Pacht 100 Goldgulden. Und auf gewinn und gwerb gibt derselbe in den Landtsteuern in iedem Hundert so auf das Kirchspiel Leichlingen angeschlagen werden ...*
*Mein gnedigster Herr hatt auch einen freyen Hoff und Cammergut, Zum Eichen*[57] *genannt, im Kirspel Witzhelden und Ambt Mißenlohe gelegen, solle vermöge der*

[50] Winkelhausen, Gemeinde Wermelskirchen, Straße Höhrath–Wermelskirchen.

[51] Als größerer Hof in der Nähe der Burg gelegen, war er in der Lage mit seinen Erträgen die Hofküche im Schloß zu versorgen; deshalb wohl der Beiname »Küchenhof«.

[52] »firtel« = Feldmaß, wohl der vierte Teil eines Morgens, ortsweise recht verschieden. Größe des Kölner Morgens 224 Quadratruten, ein rheinischer Morgen wurde zu 120 Quadratruten, jede von 12 Schuh gerechnet.

[53] Scheuerhof, Oberleichlingen, Straße Witzhelden–Leichlingen zwischen Metzholz und Friedrichshöhe. Der Name sagt, daß hier eine Burger Zehntscheune (scheuer) stand.

[54] Siehe Anmerkung I/3 Nr. 30.

[55] Rottzehnte = Abgabe für gerodetes Land.

[56] 1676 ist der Scheuerhof mit dem Leichlinger Rottzehnten Heinrich Momm für die Summe von 2800 Rchtlr. verpfändet worden.

[57] Siehe Anm. I/3 Nr. 37.

*in der Rechnung befindlicher position halten an Hauß, Scheur und stallungen, Hoff, garten, Wießen, Büschen und landt 55 morgen, ein firtel fünf roden. Ist izo an Jacoben Brachhaußen auf zwölf verpfachtet jährlichs darab zu Martini zu bezahlen 50 Dahler Cöllnisch. Der Hoff ist sonst frey, nur daß der Halfmann von iedem Hundert so im Kirspel an landtsteuern umbgelegt wirdt zahlen thut ...*
*Mein gnedigster Herr hatt weiters einen Hoff und frey Cammergut im Kirspel Lötzekirchen, zu Durscheit gelegen, der Spiegelhoff*[58] *genannt, haltet an Hauß, Hoff, garten, ardtland*[59], *Wießen und Büschen zusammen 131½ morgen, ist aber sehr mager landt an den Büschen und Bergen gelegen, welches letzthin in Anno 1680 an Johann Beyßenbach auf Zwölf Jahr, iedoch zu Sechßen dem beliebenden theil abzustehen, verpachtet, daß Jahrlichs termino Martini darab vor einen Pacht zahlen soll ...*
*Und gibt dieser Hoff in fürstl. Landsteuern in iedes Hundert ... Sonst gibt es auch Kisten Habern alle jahr sieben sumbern und auf das Hauß Strauweiler*[60] *zwey Huner.*
*Meines gnedigsten Herrn Hoff Kyltersheyden*[61] *genant, bey Hilden gelegen, worauf nunmehr das Jegerhauß und Hundesstall erbawet, und der Jeger Johannes Schlömer bewohnt und gebrauchet an statt der Hauß Hewe, welche ihme sonsten auß der Renthmeisterey Sohlingen bezahlt worden. Und helt dieser Hoff, gemeßen an Hauß, Hoff, garten Landt und Büschen zusammen 21 Morgen, ein firtel 15 roden, hatt sonst vor diesem in Pacht gethan 21 Dahler Cöllnisch, und wirdt dieß gut im Kirspel Hilden in den steuern mit angeschlagen, so aber iederzeit contradicirt worden.*
*So hat mein gnedigster Herr auch ein Hoffgen bei Hilden gelegen die Hinckenheyden*[62] *genant, gegen vor beschriebenem Hoff recht über an der Heyden gelegen, welches an Hauß, Hoff und garten helt einen morgen, an Kampen und Banden 11 morgen und an Wüsten Driesch 33½ morgen, welches güthgen nunmehr dem Wildförster über Sohlingen und Monheimb Johannen Schlömern ... 1680 dergestalt in einer Erbpacht überlaßen, daß er Jährlichs in die Kellnerey Burg auf Martini zahlen solle 10 Rthlr. in Specie, und im fall mißzahlung und ein Pacht die andere unbezahlt erfolgte, solle gerürtes gut mit beßereien meinem gnedigsten Herrn verfallen sein.*

Neben den zwei freien Hildener Gütern lag hier auch noch ein Hof, Der Brettert[63] genannt. Er gehörte zu den Gütern, die in Erbpacht ausgetan waren. Darüber schreibt der Kellner ins Lagerbuch:

[58] Spiegelhof bei Dürscheid, Stadt Burscheid, bei Dürscheid.
[59] Artland = Ackerland.
[60] Haus Strauweiler im Dhünntal zwischen Odenthal und Altenberg.
[61, 62 63] Höfe im Kirchspiel Hilden.

*Der Hoff die Brettert, bey Hilden gelegen, sonst genant Klophaußen, helt an Hauß, Hoff, garten und landt zusammen gemeßen 10 morgen 3 1/2 firtel. Derselbe ist durch den Hertzog Wilhelm*[64] *hochlöbl. gedächtnus erblich verpachtet Peter Klophausen im Jahr 1482 vor ein Malter roggen und 12 Raderalbus wie auch 12 Hüner, dieselbe Jahrlichs auf St. Martini an das Hauß Burg zu bezahlen, doch mit dieser Condition, so ein Pacht die andere unbezahlt erfolgt, daß allsdann das gut mit allen beßereien meinem gnedigsten Herrn erfallen sein soll. Dieses gut besitzt iezo Johann Zue Klophaußen.*

Als Erbpachtgüter sind aufgeführt:

a) *Das Gut zu Balkhausen*[65] *mit den dabei liegenden Werden, von denen es heißt, daß sie nicht gemessen werden können, weil die Wupper »den Werden bald gibt, bald nimbt«, ist 1504 Luttger Wrede*[66] *und seiner Ehefrau Elsen erblich verpachtet worden. 1690 war es zur Hälfte an Wilhelm Lauterjung und seine Brüder und die Witwe des Johann Meyß für die Summe von 11 Raderschilling und . . . übertragen.*

b) *In Oberburg am Schlagbaum lag ein kleines Gut, zu dem nur ein Viertel und 4 Ruten Land gehörten. Der Erbpächter Portzges und seine Frau übernahmen es für den Mietzins von 22 Raderalbus im Jahr. Außer Scheune, Stall und Garten gehörte auch ein Bergfried zu dem Höfchen, das unter dem Namen Portzges Bergfrieden zur Burg im Lagerbuch eingetragen ist. 1521 schon soll der Kellner und Küchenmeister Wilhelm Steinen zur Burg den Pachtbrief mit seinem Siegel beglaubigt haben.*

c) *Derselbe Kellner, Wilhelm von Steinen, übertrug auch im Jahre 1521 seinem Verwandten, Gerhard von Steinen, das Höfchen, genant Im Kradenloch. 1642 verpachtete es der Kellner Siegenmunds für 1/2 Gulden an Johann Bleweln. Der geringe Landbesitz von nur 64 Ruten rechtfertigt die niedrige Pachtsumme. Sie beruhte auch darauf, daß das Wohnhaus abgebrannt war und nicht wieder aufgebaut wurde. Am 25. August 1677 tritt Goddert Blewel als Pächter auf,*

d) *Ein Burger Erbpachtgut war auch der Hof auf den Steinen. Er lag nahe der Kornmühle in Unterburg. 1477 bewirtschafteten Johann Lohrer und seine Frau Gretchen den Hof. An Pacht zahlten sie neun weiße Pfennige. Im Pachtbrief ist vermerkt, daß der Gebrauch des Wassers garantiert ist, wenn dadurch der Mühlenbetrieb nicht benachteiligt wird. Am Ende des 17. Jahr-*

[64] Wilhelm III. (1475–1511) der letzte Herzog aus dem Hause Jülich.

[65] Ortschaft im Stadtgebiet von Solingen an der Straße Witzhelden–Glüder–Solingen.

[66] Das Geschlecht der Wrede stammt aus dem Westfälischen. Der Friedeberger = Wredeberger-Hof bei Opladen führt nach ihm den Namen.

*hunderts teilten sich Johann Eichholtz, Conradt Schwab und Engen Müllerß in die Wirtschaft des Gutes.*

e) *Von dem Hof Brachhausen*[67] *bei Witzhelden liegt noch ein Pachtbrief aus dem Jahre 1386 vor. Darin steht, daß Graf Gerhard von Berg ihn für jährlich 14 Malter*[68] *Hafer an Tillmann Schmidt zu Eyperkausen und seine Erben vergeben hatte. Mit dem über 87 Morgen großen Hof übernahmen die Pächter auch die Pflicht, das Amt eines Buschförsters über den Brachen auszuüben.*

f) *Nicht weit von diesem vermutlichen ehemaligen gräflichen Jagdhof lag das Gut zu Höchschet, auch im Witzheldener Kirchenbezirk. Seine Größe lag bei etwa 35 Morgen. Gottschalk und seine Frau Mettelen pachteten ihn von Adolf von Berg im Jahre 1389; sie zahlten als Entschädigung jährlich 8 Malter*[68] *Hafer. Nachdem dieser Pächter und seine Erben gestorben waren, blieb dieses Höhscheider Gut ungebauet liegen. Erst 1525, als Wilhelm von Nesselradt, Fleckens Sohn, Amtmann von Bornefeld war, fand sich wieder ein Interessent für den Hof; das war Bernhards Sohn zu Wersbach*[69]*. Am Ende des 17. Jahrhunderts bewirtschafteten Gottschalk zu Hochschet und die Witwe des Steffen Krabben den Hof.*

g) *Im Kirchspiel Cronenberg lag auch ein Burger Erbhof: Das Eigen genannt. Auch er wird schon 1363 von Wilhelm von Jülich an Stahlen von Cronenberg und seine Erben vergeben. In das Nutzungsrecht eingeschlossen war auch der Busch Das Wüstholz genannt. Einschließlich der Haus- und Hoffläche, das Gartenland einbegriffen, gehörten 57 Morgen Land dazu. Die jährliche Pachtsumme betrug eine Mark Vogtspfennig und 10 Malter Hafer, die zu Martini ins Kornhaus nach Burg zu liefern waren. Bis 1690 war dieser Hof schon so stark zersplissen, daß sich 13 Personen in die Jahrespacht teilten.*

h) *Neben dem Holzerhof*[70] *in Oberleichlingen lag das Jägers-Gut. Durch Kauf ging es an die Witwe des Kriegsgenerals Freiherrn von Virmund über. Als Erbrente lasteten 6 Malter Roggen und 6 Malter Hafer auf dem Anwesen.*

[67] Brachhausen nach dem Grafenwald Brachen, siehe Anm. I/2 Nr. 22, genannt. War wohl ursprünglich ein Jagdgut der bergischen Grafen.

[68] Malter = Fruchtmaß. Bezeichnet es die Menge Frucht, etwa 2 Ztr., die auf einmal zum Mahlen gegeben wurde?

[69] Wersbach, Ortschaft in der Gemeinde Witzhelden an der Straße Witzhelden–Paffenlöh–Burscheid.

[70] Holzerhof in Oberleichlingen an der Straße Oberbüscherhof–Metzholz gelegen.

*i) Eine Erbrente lastete auch noch auf zwei Witzheldener Gütern: das Kürstges Gut und noch ein anderes Gut zu Höhscheid*[71]. *Auf dem letztgenannten wohnten schon Blasbergs, deren Besitzrecht in Höhscheid über 300 Jahre lang nachgewiesen werden kann.*

## 5. Hämmer, Kotten und Mühlen

Einen sehr breiten Raum im Burger Steuerbuch nehmen die Hämmer, Schleifkotten und Mühlen ein. Ihre Besitzer waren gezwungen, an den Landesherrn einen Wasserzins zu zahlen, nach Art und Umfang des Wasserbetriebes verschieden hoch. Weil mit der Steuer auch die Namen der Mühlenbesitzer aufgeführt wurden, bildet dieses Verzeichnis eine wertvoll genealogische Quelle. An mehreren Stellen ist auch das Jahr der Konzessionserteilung angegeben, so daß wir dadurch über das Alter der wasserbetriebenen Werke und über die Industrieanfänge im Bergischen unterrichtet werden.

*Hammerwerke*
(s. Übersichtskarte zum Burger Lagerbuch, nach Seite 126)

Im Morsbachtal[72] neben einer daselbst gelegenen Hütte, ein Eisenhammer. Besitzer: Peter Böcker, Johann Kremer auf Westhausen, Hans Spielmann und Franz Eliß. Wasserzins 1 Goldgulden. In demselben Tal *unter dem Böchel* lag ein Eisenhammer, der Franz Arnts und Peter auf den Westen gehörte. Sie zahlten zu Martini 1 Reichstaler.
*Auf der Eiffischen Bach* (Eschbach)[73] zwischen Wermelskirchen und Remscheid, unterhalb von Bliedinghausen, neben der Grafenwiese *der Schivelsbroch* genannt, lagen ein Reck- und ein Stahlhammer, der erste 1662 und der andere 1672 erbaut. Hans Wilhelm Frantz zahlte davon jährlich 1½ Goldgulden.
In demselben Tal, auch unterhalb von Bliedinghausen, lag ein Reckhammer der Witwe Heinrich Ernemanß. 1 Goldgulden Wasserzins Peter Hasenclever in der Lobach[74] *nun Johannß Müller zu Ehringhausen hatt einen Reckhammer auf der Eiffischerbach in der Zaw-Müllen gelegen, erbawt.* Er bezahlte an Wassererkenntnis 1 Goldgulden.
Franz Hasenclevers zu Ehringhausen Witwe erbaute unter Ehringhausen auf der Lobach einen Stahlreckhammer, den vorher Hermann zu Reinshagen besaß. Die Bauerlaubnis ist für 1659/60 gegen jährliche Abgabe von 1 Reichstaler ausgestellt.

[71] Siehe Anm. I/3 Nr. 31.
[72] Morsbach mündet bei Müngsten in die Wupper.
[73] »Auf der Eiffischen Bach« (Eschbach) erreicht bei Burg die Wupper.
[74] Lohbach = Zulauf vom Eschbach, Mündung beim Kellershammer.

Derselben Besitzerin gehörte auch ein Reckhammer unter dem neuen Hammer bei Ehringhausen gelegen. Er ist 1679/80 errichtet worden. 1 Goldgulden war zu Martini fällig.
Zwei weitere Reckhämmer lagen im Morsbachtal *unter der Hoddenbach*. Ernen zum Hoddenbach[75] und Thielen in der Ibach hatten sie gebaut. Einen erwarb Arnold Hasenclever zum Hoddenbach und den anderen die Witwe des Johann Henß. Jedes Werk war mit einem Goldgulden belastet.
Johann Bertrams und dessen Sohn Arnold Bertrams betrieben in demselben Tal einen Reckhammer, den sie von Zielíß Meistern erwarben. 1 Goldgulden Wasserzins.
Anno 1646 erstellte Peter Bertrams einen Hammer *auf der Morsbach* oberhalb der Gerstenaue. Den kaufte Friedrich Grundt, der davon jährlich ½ Goldgulden zahlte.
Am 13. März 1669 ist Peter Franz erlaubt worden, an seinen Hammer einen Anbau zu setzen, worin er Rohrstahl schneiden konnte. Erkenntnis auch ½ Goldgulden.
Desgleichen gestattete *Ihro Hochfrstl. Dchlt. unterm 27. April 1677* Friedrich Grundt einen Reckhammer *auf den von Petern Gerstauer Erben an sich brachten Erb und auch erhandelten halben Wassergerechtigkeit erbauen möge, gegen jährliche Erkenntnis auf Martini zu bezahlen ½ Goldgulden.*
Dem Kellner zur Burg wurde gestattet, auf seinem Erbstück am großen Steg, oberhalb der Burg im Eschbachtal, einen doppelten Eisenhammer zu erbauen.

*Unter der Hütten auf der Lobach unter dem Ehringhauser Berge haben Engel und sein Bruder, Peter zum Losenbüchel, einen Reckhammer erbauet, welchen izo Johannes zum Losenbüchel und Wilhelm Engels besitzen. Davon geben dieselben jährlichs zu Martini vor eine Erkenntniß einen Reichsthaler.*

Am Lobach hatten auch Peter und Clemens Hasenclever einen Reckhammer.
Lutter Dorcken zu Remscheid besaß einen Reckhammer, der 1666 unter dem Dorfe auf der Mickenbach[76] erbaut wurde. Um 1690 besaß ihn ein Dietrich zum Birgden.
Johannes Bertrams zu Remscheid besaß *auf die Eiffische Forellenbach am Forrenblech* einen Reckhammer, der 1677 in Betrieb genommen werden konnte.

[75] Hoddenbach, heute Haddenbach im obersten Morsbachtal.
[76] Mickenbach = Mückenbach mündet in den Morsbach, darf mit Leierbach und Diepmannsbach zu den Quellbächen der Morsbach gerechnet werden.

Friedrich zu den Hasten errichtete mit Concession vom 26. Februar 1682 einen Reckhammer im Morsbachtal.
Ein Reckhämmerchen lag auch *auf der Bürgerschaft Lennep*. Er gehörte Zensis zu Oberfeldt.
An der oberen Dhünn sind 1670 und 1671 je ein Eisenhammer im sogenannten Steinbruch bei Dhünn und unter dem Wöllersberg bei Dabringhausen entstanden. Sie gehörten Peter Jeger, Johannes Hutz und Reinhard Halsenberg.
Dietrich zu Enderkusen und Peter im Börngen ist 1617 erlaubt worden, daß jeder einen Reckhammer an das verlorene Wasser vom Lenneper Walkmühlchen setzen durfte. Das Werk des Dietrich Enderkusen ging Ende des 17. Jahrhunderts an Peter Westen über.
Friedrich Honßberg am Volkeshause ist am 17. Dezbr. 1671 gnädigst bewilligt worden, unter dem Verckuser Hof[77], an der Ecke bei der nahe gelegenen Hütte auf das darauf fließende Wasser einen Reckhammer zu setzen.
Simoni Buder wurde erlaubt, bei seinem Hof zu Müngsten ein Stahlhämmerchen, das zerfallen war, wieder aufzurichten. Sein Nachfolger Heinrich Tillmanns zahlte an Wassererkenntnis eine Radermarck.
Ein zweiter Reckhammer entstand in Müngsten 1629. Er gehörte Clemens auf dem Subberge. Spätere Besitzer waren Clemens und Johann Sichleschmidten.

*Johannes de Grooten zum Buchel*[78] *hat von alters einen Reckhammer unterm Büchel auf der Bach gehabt, worab jährlichs zu Martini vor Erkenntniß bezahlt einen halben Goldgulden.*
*Weilen aber Anno 1674 noch ein Reckhammer darboben gesetzt laut Conceßion, worab derselbe ebenmeßig jährlichs termino Martini vor eine Erkenntniß zu zahlen sich eingelaßen ad einen halben Goldgulden.*

Auch Engel Arnts zum Büchel richtete sich 1669 einen Reckhammer unter dem Büchel am Bach ein.
In der Gerstauen [79] nutzten Clemens Bertrams und Jacob Piperß das verlorene Wasser einer Mahlmühle und trieben damit einen Reckhammer.
Im Morsbachtal lagen noch zwei Reckhämmer, die Peter Melchiors, Hensen Zensißen Kinder und der Witwe Peter Zensiß gehörten.
1659 erbaute Arnold Hasenclever zu Müngsten auf dem Platz eines Schleifkottens einen Reckhammer.

[77] Verckuser-Hof = Vieringhauser Hof.
[78] »Zum Buchel« oberstes Morsbachtal (Siehe Stursberg: Remscheid und seine Filialen, 1962).
[79] Gerstau an der Straße Remscheid–Elberfeld.

Schon 1642 besaß dieser Industrielle einen Rohrstahlhammer an der Morsbach bei Müngsten.

*Peter Rode auf dem Subberge hat einen Reckhammer auf der Morßbach auf dem verlohrenen Wasser gehabt, welchen nun Peter Hartkopf an sich bracht.*

Ein Reckhammer lag auch im Burgholtze an der Diepenbech[80]; er gehörte den Witwen des Friedrich Reinshagen und des Gördt Hoddenbach zu Cronenberg.
Adolf und Jacob von den Steinen unterhalten einen Reckhammer *an der Leyen* am Morsbach.

*Peter Meyß unter der Kirchen zu Cronenberg und Friedrich Grundts Erben haben daselbst auch einen Hammer.*

Herbert Müller in der Gerstauen gibt von einem Reckhammer, der an statt seines verunglückten Eisenhammers 1673 erbauet, jährlichs einen Orth Goldgulden.

*Engell Hartkopf im Rothsiepen hatt an sich bracht ein Reckhämmerchen so Erne Roden auf dem Subberge*[81] *auf einem Seifen, die Steinbach genannt, worauf vor alters etwa sonsten gereckt haben mag, darab gibt derselbe vor Erkenntniß ein orth Goldgulden.*

Göddert in der Kohlfurth besaß einen Reckhammer *auf der Kaltenbach.*
Jacob in der Kotzert betrieb ein *geringes Reckhämmerchen* in einem Siefen, der Diepenbach genannt.
Ein kleiner Reckhammer, der Peter Klein auf dem Kampe gehörte, lag im Dohrenseifen[82].

*Frantz in der untersten Halbach*[83] *und Arnold Hasenclever haben Anno 1642 auf die Bach, die Halbach genannt, einen Reckhammer gesetzt; davon geben izo vor Erkenntniß zu Martini jährlichs einen Reichsthaler.*

Andreas Hillger zu Holthaußen, Amt Beyenburg, baute 1652 einen Stahlhammer am Gelpebach im Amt Elberfeld. Ein Reckhammer, den Peter Sichleschmidt aus Müngsten 1656 erbauen ließ, lag am Morsbach. 1646 entstand ein Reckhammer oberhalb der Burg, am Eschbach gelegen. Hans vom Hagen war der Gründer; weil er aber über dem Bauen starb, ist das Werk von Gläubigern stillgelegt worden. Später nahm sich Peter von Honßberg des Baues an. Am 16. Mai 1673 erwirkte Peter Fischer

[80] Siehe Anm. I/5 Nr. 76.
[81] Subberg = Sudberg liegt auf Cronenberger Gebiet.
[82] Dohrensiefen auch im Stadtgebiet Cronenberg
[83] »In der untersten Halbach«, Oberlauf des Leierbachs.

von Burg die Genehmigung einen zweiten Hammer in der Nähe seines ersten erstellen zu dürfen.

*So haben auch Ihro Hochfrstl. Dchlt. gnedigst bewilliget, daß Tillmann Hasenclever zu Bledekusen[84] unter Beldekusen einen Reckhammer auf die Eiffische bache erbauen möge, laut darüber erhaltene gnedigster Concession, welche in Anno 1685 bis 86 beigeleget. Und weilen solchen Hammer nicht verfertigen können, ohne des Ihro Hochfrstl. Drchlt. orth Wiesen den untersten Orth »im Langenbroch« gebrauchen möge, umb den nötigen Deich darin zu legen, so ist Ihme solches gnedigst vergönnet, dieser gestalt alß lang der Hammer stehet, diese Wiese gegen jährlicher Zahlung dreyer Goldgulden zu Pacht zu gebrauchen, vom Hammer aber absonderlich jährlichs termino Martini vor erkenntniß zaheln soll einen Goldgulden*

Unter ähnlichen Bedingungen erhielt auch Franz Hasenclever zu Ehringhausen die Erlaubnis auf seinem eigenen Grund unter Ehringhausen an der Eschbach einen Hammer zu errichten.

### *Korn-, Öl- und Walkmühlen*

Unterhalb von Bliedinghausen lag eine Mahlmühle; Heinrich Ernemannß Witwe errichtete sie. Später erwarb sie Johannes Preyer und baute sie weiter aus. Davon mußten an Wassererkenntnis zwei Radermark gezahlt werden.
Auf der Mickenbach unterhalb des Dorfes Remscheid lag auch eine alte Mahlmühle. 1636 ist die Konzession zum Wiederaufbau derselben erteilt worden. Der Müller Johann Jansen hatte neben 2½ Malter Roggen auch jährlich noch vier Radermarken nach Burg zu liefern.
Die Nachbarschaft des Hofes Höhrath bei Burg erbaute unterhalb ihres Weilers in einem Siefen ein Walkmühlchen. Die Deckenweber werden darauf angewiesen gewesen sein.
Johann Jeger und vor ihm Arnt Moll zu Lennep unterhielten ein Walkmühlchen im Birgden[85]. Er bezahlte dafür einen halben Reichstaler, weil er beabsichtigte, noch ein Ölmühlchen dahin zu setzen.
Folgende Lenneper Walkmühlen lagen *auf der Bürgerschaft:*
Die oberste Kleebachs-Mühle, Besitzer Caspar Hackenberg.
Die mittelste Kleebergs-Mühle besaß Johann Busch.

[84] »Bledekusen« = Bliedinghausen.
[85] »Im Birgden« = Gebiet der Remscheider Talsperre. Der gleiche Name begegnet uns auch im Lüttringhauser und Lenneper Gebiet.

Von der untersten Kleebachs-Mühle zahlte Franz Sondermann zu Martini ½ Reichstaler.
In der Nähe lag auch die Walkmühle der Arnt Düssels Erben zu Lennep und die Spangers-Mühle, die Johann Bönning gehörte.
Bei dem Rütschkotten lag eine Walkmühle, die Berrmanns-Mühle genannt. Peter Hölterhoff nutzte sie.
Unter dem Schneppendahl[86] im Amt Beyenburg lag eine Walkmühle, die Pantzers-Mühle genannt. Besitzer war Melchior Moll zu Lennep.
Die oberfeldische Walckmühle gehörte Dietrich Frölinghausen.
Nach ihrem Erbauer benannt waren die Froweins oberste und unterste Mühle, die ums Ende des 17. Jahrhunderts von Johann Frölinghausen und Gottschalk Hasselkusen unterhalten worden sind.
Die Kummersmühle gehörte auch in den Verband der Walckmühlen *auf der Bürgerschaft Lennep*. Sie alle zahlten nach Burg ihre Wassererkenntnis, die aber dann wegfiel, wenn *die Müllen für einige Zeit vergänglich würden*[87].
1568 schon gestattete der Landesfürst den Bürgern zur Burg unter dem Brückenplatz an der Wupper eine Öl- und Walckmühle zu erbauen. Die davon fällige Erkenntnis betrug 7 Radermark. Nach 1600 ist dann gemäß landesherrlichen Befehls die Ölmühle niedergelegt und auf ihrem Platz eine Drahtrolle erbaut worden.
Dr. Cronenbergs[88] Erben zu Reuschenberg bezahlten von einer Ölmühle, die sie 1617 an die Kornmühle in Burg anbauen ließen, jährlich 5 Radermark. Als sie aber 1678 450 Rthlr. zur kaiserlichen Vermählung[89] beisteuerten, ist ihnen die Pacht bis zur Einlösung ihrer Forderung erlassen und auch der Roggenzins für ihre Kornmühle in Reuschenberg gutgeschrieben worden.
Eine Mahlmühle lag auch auf dem Hohenhagen[90]. Engel auf dem Hagen betrieb dort mit derselben Wasserkraft noch ein Sägemühlchen und hatte für beide Betriebe jährlich ½ Goldgulden zu entrichten.

*Johann Schmidt zu Dhünn hat in Anno 1630 gnedigste Concehsion erlangt, an die Malmülle daselbst, wovon jährlichs zwei Malter Roggen in die Kellnerei Burg zu liefern waren, auch eine Obligßmühle zu erbauen mit der Condition, daß jährlichs davon absonderlich termino Martini zahlen solle einen Goldgulden. Diese Mülle und Obligsmühle hatt iezo der Färber zu Hükeswagen.*

[86] »Unter dem Schneppendahl« = Am Tentenbach, Zufluß vom Eschbach.
[87] »Für einige Zeit vergänglich« = nicht betriebsklar.
[88] Dr. Cronenberg, ein Kölner Ratsherr, dem im 17. Jahrhundert Schloß und Mühle Reuschenberg bei Leverkusen-Bürrig gehörten.
[89] Vermählung der ältesten Tochter Philipp Wilhelms, Eleonore, mit Kaiser Leopold I.
[90] Der Hohenhagen, zwischen Lennep und Remscheid.

Heinrich Ernemanns Witwe zu Bliedinghausen besaß einen Schleifkotten an der Eschbach. Obwohl er schon vor 1690 verfallen war, zahlte die Besitzerin von dem Wasserfall immer noch einen halben Reichstaler.
Ein Schleifkotten, den Henß Pickart auf dem Subberge benutzte, lag auf der Remscheider Seite am Morsbach. An demselben Bachlauf hatten auch die Erben des Lutter Wüsten ihren Kotten.
Daß auch Schleifkotten in einen Selfhammer umgebaut werden konnte, dafür lieferten die Erben des Peter Jaspers: Engell Wüsten und Theis zum Bremen im Morsbachtal den Beweis. Die Schleifkotten am Morsbach gehörten wohl fast alle Remscheider Sensenschleifern. Außer den schon in diesem Tal genannten Schleifereien sind im Burger Lagerbuch noch aufgeführt: Rütger Teschen Witwe in der Klunen Auen erlangte die Concession zum Kottenbau 1620. In demselben Jahre erbaute Johann Jaspers einen Kotten daneben.
Je zwei Schleifkotten *auf der Morßbach* besaßen auch Peter und Friedrich zu den Hasten.
Ein Schleifkotten lag auch *auf der Bürgerschaft Lennep*; er gehörte einem Zensis zu Oberfeldt.

*Johannes in der Hupgesdahl hat Anno 1662 einen Schleifkotten auf seinen an sich brachten erbpachtgrund, an der Gelpen gelegen, erbauet.*

Den Theis Hamachers Erben zu Lennep gehörte eine Lohmühl, die im Amt Beyenburg oberhalb der Pantzers Mühle lag. In Unterburg an der Wupper ist auch im Anfang des 17. Jahrhunderts gefärbt worden. Peter Garnich setzte den Farbkessel an das Wasser, das aus dem Forellenweier abgeleitet wurde.
Sehr alt scheint auch der Balkhauser Kotten gewesen zu sein. Das bezeugt folgende Notiz:

*Theiß Kürstgen und Johann Kutten zu Balckhausen ist am 12. Dezbr. 1612 gnedigst erlaubt, in dem Balkhauser Wasser*[91]*, so in demselben Graben mit einem Rade gefangen wird, auch das Wasser, welches von anderen Radern und Schleifkotten hirselvst zu gebrauchen, davon gibt izo Theiß zur Schlicken*[92] *und sein Bruder Johann jährlichs zu Martini vor eine erkenntniß drey Radermarken.*

Von der Wupper wechseln wir nun wieder zum Morsbach, wo Peter in der Morsbach in seinem Kotten arbeitete. Das Tal am Fuße von Hohen-

[91] »Balkhauser Wasser« = Wupper bei Balkhausen.
[92] Ortschaft bei Solingen.

scheid[93] hieß von jeher die Äugelswag. Hier stand auch ein Schleifkotten. Johann Kirchhoff und Peter Engels, geschulte Solinger Schleifer, erbauten ihn. Um 1690 teilten sich Georg Clauberg, Arnd Knechten, Johannes Thegarten und Peter Kirschbaum in den Raum.
Johann Lauterjung zur Linden im Kirchspiel Solingen arbeitete in Clemens Königs Schleifkotten, welchen er an der Wimmelsberger Bach, unweit der Königsmühle[94], erbaute.

*Heinrich Schmidt auf Westhausen und Johann Schmidt zur Burg, beide Büchsenlaufschmiede, haben an der Burg an der Eiffischer Bache »Zum Stege[95]« einen Schleifkotten, worauf sie die Büchsenläufe bohren und schleifen.*

Über diesem Schleifkotten lag die Walckmühle des Gerhard Böeß. Die Hofkammer in Düsseldorf kaufte sie und ließ sie in eine freie Drahtmühle umbauen.
Peter Herbert und Engel Pickart bauten einen Reckhammer an der Morsbach in einen Schleifkotten um. 1668 erhielten sie die Erlaubnis an diesen Kotten noch ein *sonderlich Geläuf zu Schleifung der Sensen* anzubauen.
Im Breidenbroich[96] am Eschbach lagen zwei Schleifkotten unter einem Dach. Besitzer waren die Erben des Lutter Wüsten.
Wie dicht die Schleifkotten im Morsbachtal aufeinander folgten ist aus folgender Namensliste zu ersehen:

*Peter Budei Witwe zu Müngsten,*
*Peter Pickart auf dem Heydt,*
*Georg und Clemns Prang, Gebrüder,*
*Johann Caspers zum Eigen,*
*Johannes Pickart am Berge,*
*Johannes Pickarts Vater, Dries Pickart,*
*Johann Jaspers auf dem Clemenshammer,*
*Peters Witwe auf dem Berge.*

Die vorhin schon genannten Werkstätten an demselben Wasserlauf zugerechnet, ergibt die Zahl von allein 15 Schleifkotten am Morsbach.
Ein Wupperschleifer war auch Johann Graw im Roden[97]. Er nutzte das

[93] Hohenscheid = Burganlage auf der Wupperhöhe zwischen Glüder und Wupperhof.
[94] Königsmühle bei Solingen.
[95] »Zum Stege«, Gemeinde Burg, Eschbachtal, Ecke Müngstener- und Eschbachstraße.
[96] Breidenbroich, unterhalb der Gerstau gelegen, heute zu Wuppertal gehörig.
[97] »»im Roden« = Rüden, unterhalb Solingen-Widdert im Tal der Wupper.

Wasser eines Siefens, der bei Rödel[98] in die Wupper fließt, und baute hier 1667 zwei Schleifkotten. 1676 baute er dann noch eine kleine Mahlmühle an, um das für seine Haushaltung notwendige Mehl darauf mahlen zu können.

Am 1. Juli desselben Jahres erhielt Benjamin Lüdenschloß aus Solingen die Genehmigung, oberhalb vom Glüderer Hofe an die *Gluderer Forellenbach*[99] auf seinem Grund einen Hammer zu erbauen. Die Werkstatt war aber bis 1690 noch nicht fertig.

*Pulvermühlen*

Wie aus dem nun folgenden Verzeichnis zu ersehen ist, entstanden diese Mühlenbetriebe ihrer gefahrbringenden Art wegen fern von Siedlungen in einsamen Tälern. Daß die Wasserläufe in der Nähe von den schon auf Industrie ausgerichteten Städten gemieden wurden, ist zu verständlich. Die Anlagen wurden aber so gewählt, daß der Anschluß an Verkehrswege und Landstraßen gewährleistet war.

Peter Liesendahl im Kirspel Burscheid erhielt die Genehmigung am Bocheler[100] Bach ein Pulvermühlchen zu errichten. Die Konzession zum Bau einer Pulvermühle im Linnefetal bei Dabringhausen unterhalb des Bremer Hofes ist am 9. August Degenhard Höller zu Limmerkusen erteilt worden. Wohl gleichalterig wird eine Pulvermühle im Eifgental gewesen sein, die Claus Pulvermacher von der Kaltenherberg erbauen durfte.

Und auch im Krähwinkler Tal bei Witzhelden ist Pulver geschlagen worden. Wenn auch das Pulvermühlchen, das Peter Krautmacher zu Krähwinkel auf einem kleinen Siefen anlegte, wegen Wassermangel zum Erliegen kam, so brachte es sein Verwandter Paulus Krautmacher doch bald wieder in Gang. Das war in den Jahren 1676/77. Peter Krautmacher aber, dessen Konzessionsantrag schon 1611 genehmigt worden war, versuchte nun sein Glück am Wietscher-Bach.

*Heinrich zu Borighaußen*[101] *hatt in Anno 1659 auf der Eifgenbach unter dem Lamerbusche eine Pulvermühle von 8 Stempeln zu erbauen, gnedigste Concession erhalten, worab derselbe jährlichs vor eine erkenntniß zahlet 1. May einen Reichsthaler.*

[98] »Rödel« = Ortschaft in Oberleichlingen, auf dem linken Wupperufer, unweit von Fähr.

[99] »Glüderer Forellenbach«, vermutlich Sengbach, der bei Glüder in die Wupper fließt.

[100] »Bocheler Bach« = Quellfluß des Murbachs bei Burscheid.

[101] Borighausen = Bellinghausen bei Burscheid.

Auch in der Gemeinde Odenthal bei Altenberg stand im Bomericher Siefen eine Pulvermühle. Sie gehörte Heinrich Peters zu Strachelhausen. 1686 wagte es Arndt Schmidt vom Irlerhof[102] bei Burscheid auf seinem Grund und Boden, unweit des Hofes, eine Pulvermühle zu errichten. Daß ihm später gestattet wurde, die Anlage um ein Vollmühlchen zu erweitern, erscheint recht sonderbar.

[102] Irlerhof in Unterburscheid, Tal des Auebachs (Quellfluß des Murbachs).

## II. Morsbroich im französischen Revolutionskriege

Die junge Industriestadt Leverkusen darf stolz sein auf ihre »gute Stube« Morsbroich[1]; denn nicht jede Stadt ihres Alters kann ihre Gäste in einem so ehrwürdigen, mit geschichtlicher Tradition ausgestatteten Hause empfangen und darin mit Kunstgenüssen besonderer Art aufwarten.

Geschichtsbilder der ehemaligen Burg und des späteren Komtursitzes des Deutschen Ordens liegen schon in verschiedenen Darstellungen vor. Verwiesen sei hier auf die Schrift von Dr. Walter Dietz, „Leverkusen in Geschichte und Gegenwart". In einem Kapitel dieser Stadtgeschichte zeichnet er Morsbroich in jenem Zeitalter, als der Deutschordenskomtur Ignaz Felix von Roll[2] (1719–1795) hier wohnte und seiner Freude und Liebe zur Natur in der Anlage eines französischen Gartens, wohl nach Vorbildern der Schlösser Brühl und Benrath angelegt, Ausdruck verlieh. Über 40 Jahre wohnte der Komtur – die Zeit rauher und unsicherer Kriegsläufte ausgenommen – friedlich und ungestört in seinem Wasserschloß an der Dhünn.

Von seinem Kunstdenken und der klaren Konzeption seiner im Barock wurzelnden Lebensauffassung legt die »Residenz« bei Leverkusen-Schlebusch ein beredtes Zeugnis ab.

Nachdem das alte, mit vier Zwiebeltürmen gekrönte Herrnhaus, das seit 1616 bedeutenden Männern der Ordensballei Koblenz, für die zwei Namen, von Nesselrode und von Droste-Senden, stellvertretend für alle genannt seien, als repräsentative Wohnstätte, Jagd- und Landhaus

[1] Morsbroich = Ehemalige Wasserburg bei Leverkusen-Schlebusch. Der Name geht zurück auf ein adeliges Geschlecht, das sich Moyr van dem Brucke (Bruche) nannte.
Johan Moyr van dem Brucke schenkte 1362 dem Kloster Altenberg eine Erbrente (Siehe Mosler: Altenberger Urkundenbuch I Seite 644).

[2] Ignaz Felix Freiherr von Roll war der Neffe des Deutschordensritters Joh. Baptist von Roll, Minister am Hofe des Kurfürsten Clemens August. Ignaz Felix diente auch Clemens August als Deutschordensminister, war Komtur der Ordensbesitzung St. Katharinen in Köln und übernahm nach dem Tode des Landkomturs von Droste-Senden die Ballei Koblenz und wohnte fortan in Morsbroich.

Abb. 1: Der letzte Ordenskomtur von Morsbroich, Ignatz von Roll

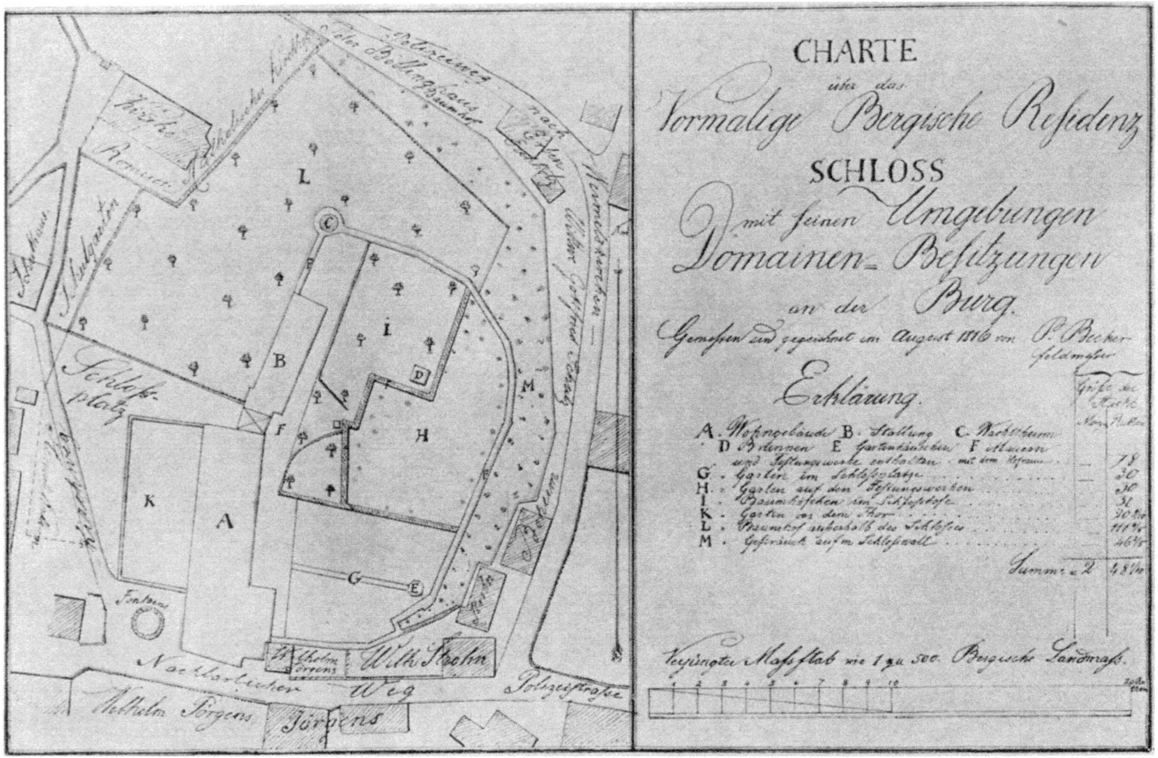

Abb. 2: Plan des Burggeländes von 1816

Abb. 3: Schloß Burg an der Wupper um 1700

Abb. 4: Schloß Morsbroich im 18. Jahrhundert

gedient hatte, abgebaut werden mußte, entstand das wasserumwehrte Schloß, so, wie es sich heute in seinem Mitteltrakt noch vorstellt.
Lange durfte sich der Herr von Roll eines fast ungetrübten Lebensabends erfreuen, und sich als Kunst- und Naturfreund seinen Neigungen als Jäger und Naturliebhaber ungestört hingeben.
Als aber die Franzosen nördlich von Düsseldorf den Rhein überschritten, und die österreichischen Bataillone nach Süden bis über die Mainlinie verfolgten, gelangte auch Morsbroich unter direkten Kriegseinfluß.
Zwischen dem 20. Dezember 1794 und dem 7. Juni 1795 schrieb der letzte Komtur von Morsbroich 11 Briefe; als Zeugnisse einer bewegten Zeit und als geschichtliche Dokumente verdienen sie es, wörtlich wiedergegeben zu werden.

## 1. Briefe des Ordenskomturs von Roll

*Hochwürdig-Hochwohlgebohrener Freiherr,*
*Hochzuverehrender Harr Landkomthur und Ordensbruder!*

*Ewer Hochwürden Exzellenz Hochverehrliche Zuschrift vom 13ten dieses, hatte ich die Ehre, heut richtig zu erhalten, und daraus in mehrerem zu ersehen, wie Hochdieselben bei Sr. des Herrn Hoch- und Deutschmsters Fürstl. Dchlt., Sich meinethalben, in betref der jetzigen fatalen Angelegenheiten, nochmalen zu verwenden die Höflichkeit gehabt haben. Ich entstehe dahero nicht, Ewer Hochwürden Exzellenz hierfür den lebhaftesten Dank hiemit gdst. abzulegen und lebe der Hoffnung, daß Hochdieselben, über den von Sr. Kfrstl. Durchlt. nach eingegangenen Groß Cajoitularischen*[3] *Gutachten, gefaßt werdenden Gnädigsten Entschluß, mich zu seiner Zeit gefälligst zu benachrichtigen die Gutheit haben werden. Sollte nun, hoffentlich, ein bestimmtes Quantum zu meiner einsweiligen Unterstützung gdst. ausgeworfen werden, so könnte meines Erachtens der Jud Baruch, der zweifelsohne auch zu Mergentheim*[4] *seyn wird, die besten Mittel an Hand geben, auf was art und wo allenfalls in hießiger Gegend per absignationen*[5]*, in Empfang genommen werden könne. Ich will jedoch ein solches Hochdero tieferen Einsicht hiemit gänzlich überlaßen haben, und habe annebst die Ehre, Ew. Hochw. Exzellenz zu versichern, daß Meine Haußhaltung in jedem Fache so eingeschränkt seie, alß es sich nur immer thun läßt. Den Verkauf deren Jenseitigen pferden*[6]

[3] Groß Cajoitularischen Gutachten vermutlich ein auf einer Rechtsgrundlage fußendes Gutachten.
[4] Mergentheim war Sitz des Deutschordensmeisters.
[5] durch Zahlungsanweisung.
[6] Vermutlich Pferde, die von St. Katharinen oder Koblenz nach Morsbroich gebracht worden waren aus Sicherheitsgründen.

*anbelangend, hat man sich zwarn alle Mühe gegeben, um solche schon Vorlängst zu veräußern. Allein, sie waren durchaus nicht anzubringen, weder beim Militaire, noch bei dem Landmann, denn der Officier, der noch wohl ein- oder ander pferd nötig hätte, hat die erforderliche Fourage nicht mehr, und der Bauer, dessen pferde durch das alltägliche und unaufhörliche gebrauchen zu Kriegsdiensten, teils verdorben sind, teils noch zu grund gerichtet werden, schaft sich bei der jetzigen Lage keine neuen an. Es geschieht dahero wohl, daß von den dahier befindlichen jenseitigen Knechten und pferden bisweilen Ein- oder ander bei denen Halfen in hiesiger Gegend auf eine zeitlang gegen Kost und Fourage arbeit findet, und es ist auch zu vermuthen, daß die Herannahung des Frühjahrs die Arbeit und das Verdienst für dieselben sich häufiger einfinden, und mithin der Last für die Ballei*[7] *sich merklich vermindern werde.*

*Neuigkeiten halber beziehe ich mich auf mein Antwortschreiben vom 16ten dieses und bemerke nur noch, daß man vor 3 Tägen zu Mülheim ein paar Spione in denen Verschantzungen erwischt hat, und daß die Franzosen, Mülheim gegenüber, sehr fleißig seit einigen Tägen an neuen Batterien arbeiten; was solches bedeuten solle, ist noch ein Rätsel, welches die Zeit auflösen wird.*

*Ich empfehle mich sehr Vielmalen und habe die Ehre, mit der Vorzüglichsten Hochschätzung immerhin zu bestehen.*

*Morsbroich, den 20. Xbris*[8] *1794* — *Ewer Hochwürden Exzellenz*
*Ganz gehorsamster Diener*
*von Roll.*

*Hochwürdig-Hochwohlgebohrener Freiherr,*
*Hochzuverehrendester Herr Landkomenthur und Ordensbruder!*

*(Ankommen d. 11. und beantworth den 14ten Jenner 1795)*

*Eüer Hochwürden Exzellenz sind mir durch Hochdero Verehrliche Zuschrift vom 27ten Xbri v. J. mit Anwünschung eines beglückten Jahr-Wechsels zuvorgekommen. Ich ohnermagle dahero, Hochdenenselben dafür den Verbindlichsten Dank zu erstatten, und zugleich alles Selbst wählendes Wohlsein grundmütigst obrückzuerwidern.*

*Ewer Hochwürden Exzellenz geben mir miteins zu erkennen, daß in dem Von Sr. K. Dchlt. erlaßenen Circulari*[9]*, die durch gegenwärtigen fatalen Krieg unglücklich gewordenen Herrn Landkommenthurs mit jährlich 2000 fl.*[10] *angesetzt*

[7] Ballei Koblenz

[8] Xbris = Dezember.

[9] Rundschreiben

[10] fl. = Florin (Gulden): Französischer Name des Gulden, auch englische Goldmünze.

*seien, und daß Hochdieselben, für mich, um eine Vermehrung von 1000 fl. untgst. angetragen haben. Zuvordrist bin ich also Hochdenenselben für diesen so gütigen Antrag auf alle Weiße verbunden, und muß dann gedultig abwarten, was Sr. K. Dchlt. zu resolviren gnädigst geruhen werden. Indeßen wollen Ewr. Hochw. Exzellenz nochmalen beherzigen, was für treue Diensten ich dem hohen Orden geleistet habe, wie ich meine, jährlichen Revenuen*[11] *bekänter Dingen, zu nichts anders, als nur zur Aufbauung und Verbesserung deren Ordens Häußern, Höfen und Gütern verwendet habe, fort daß Ich (weilen Man mir immer mit der Hoffnung schmeichelte, daß die Franzosen nicht bis an den Rhein vordringen könnten noch würden, und ich also überschnellet würde) alle meine Früchten, als Korn, Weizen, Gerste, Haber etc. samt dem baaren Gelde, alle Weine und übrigen Victualien*[12]*, Leinwand und sonstigen Effecten*[13] *habe im stich laßen müssen, mithin dermalen alles, was nur zur Haushaltung erforderlich ist, es mag Nahmen haben wie es nur immer will, wie auch alle Fourage für die pferde in einem ganz außerordentlich hohen Preise ankaufen muß. Ewer Hochw. Exzellenz will ich also hiermit angelegentlichst gebethen haben, Hiervon an Ort und Stelle nochmalen die gehörige Anzeige in meinem Nahmen zu machen, und auf meine Unterstützung den Vorzüglichsten Bedacht Hochgefälligst nehmen zu wollen. Den Verkauf deren jenseitigen pferden anbelangend, muß ich Ewer Hochw. Exzellenz hiemit wiederholter versichern, daß es, ohngeachtet all-angewendeter Mühe, nicht möglich seye, hiesiger Orten dieselben verkäuflich anzubringen,wie ich, in meinem Vorigen, zu bemerken die Ehre hatte, Hochdieselben werden auch ein solches aus deme gefälligst zu ermeßen belieben, weilen ich Vier meiner eigenen pferden umsonst weggegeben hab. Es ist auch allerdings zu vermuthen, daß sowohl, wenns Friede werden sollte, als auch, wenn der Krieg wilt fortgesetzt werden, in jedem Fall die pferde außerordentlich rar- und vor Geld kaum, oder gar nicht mehr zu haben seyn werden. Ich habe indeßen, weilen mein Geld-Vorrath beinahe aufgezehret ist, und ich gewohnt bin, nicht zu borgen, sondern monatlich richtig zu zahlen, einsweilen an den Herrn Hofrathen von Welter umb 1000 Reichsthlr für Beköstigung deren Halfenspferden und Knechten geschrieben, nicht zweifelnd, daß Ew. Hochw. Exzellenz deren Auszahlung gdst. approbieren*[14] *werden.*

*Für die Neuigkeiten, welche Ew. Hochw. Exzellenz mir zu couiciren*[15] *beliebt haben, danke Verbindlichst, dahier gibt es noch zur Zeit gar nichts neues, und aus Köln, Bonn und überhaupt von der andern Seite hört und sieht man nicht das mindeste, was man Verbürgen kann, So heißt es z. B. die beiden Generale Pichegru*

[11] Einkünfte
[12] Lebensmittel
[13] Wertgegenstände
[14] billigen, gutheißen.
[15] übersenden (mitzuteilen).

*und Jourdan seien tot, Brabant und das Lütticher Land seien in Aufruhr gegen die Franzosen, in Antwerpen wären derselben schon 300 massacrirt*[16] *worden, allein Vielleicht lauter pia Desideria*[17] *! Ebenso heißt es auch : ein starkes Corps Russen seie zum Succurs*[18] *der Teutschen Truppen schon in vollem Anmarsch und bereits in Böhmen eingetroffen : allein, da Ew. Hochw. Exzellenz hiervon nichts melden, so zweifle ich auch schon daran.*
*Seit 3 Tägen ist die Kälte dahier ganz entsetzlich und der Rhein mit Eis angefüllt, und es steht zu beförchten, daß in ein paar Tagen die Eisbrücke fertig seyn werde. Was es dann absetzen werde, weiß Gott. Allem Vermuthen nach sind die Franzosen, weilen solche, besonders gegen Mülheim über, noch immerfort Battereien aufwerfen, eben so beförchtet von dem Übergang der Deutschen, wie Jene vor dem Übergang der Franzosen.*
*Unter nochmaligen Anwünschung allersinnlichen Wohls zum gegenwärtigen neuen Jahre, hab ich die Ehre, mit der Vorzüglichsten Hochschätzung immerhin zu erharren.*

*Morsbroich, den 3ten Jan. 1795* — *Ewer Hochwürden Exzellenz*
*Gantzgehorsamster*
*von Roll.*

*Hochwürdig-Hochwohlgebohrener Freiherr,*
*Hochzuverehrendester Herr Landkommenthur und Ordens-Bruder !*

*Mit dem lebhaftesten Dankgefühle erkenne ich Ewer Hochwürden Exzellenz gegen mich heegende gnädige Gesinnungen in der an mich erlaßenen Hochverehrlichen Zuschrift vom 14ten dieses, indem Hochdieselben bei Sr. des Hoch- und Deutschmstrs Kurfl. Durchlt. Sich für meine persohn Vorzüglichst zu Verwenden beliebet haben, und den Bedacht dahin nehmen wollen, daß die für mich ausgeworfen werdenden Adjuten*[19]*gelder mir ohne weitere Unkösten zugeschickt werden sollen. Ich zweifle auch an einem guten Erfolge um so weniger, als ich mich noch gar wohl zu erinnern weiß, daß in Vorigen Zeiten ebenfalls für die Herrn Landkommenthürs deren durch Kriegs-Unfälle betroffenen Balleien Altenbiesen, Heßen, Sachßen und Westphalen ein reichliches Quantum von dem damals regierenden Herrn Hoch- und Deutschmeister höchseel. Andenkens ausgeworfen worden ist. Ewer Hochwürden Exzellenz bin ich ferner den Verbindlichsten Dank schuldig, daß Hochdieselben mir gdst. erlauben, daß ich, nebst Vergütung deren Fourage-*

[16] niedergemetzelt (mißhandelt).
[17] pia Desideria = fromme Wünsche.
[18] Unterstützung
[19] Adjuten-gelder = Beihilfe.

*Kösten für die Halfen-pferde, mir auf benötigten Fall von dem Herrn Hofrathen von Welter einige Gelder auszahlen laßen dörfe. Ich werde indeßen von diesem so gnädigen Offert*[20] *ehender nicht, biß es sie Noth erfordert, Gebrauch machen. Imgleichen danke ich Ewer Hochwürden Exzellenz für die mir höflichst mitgeteilten Neuigkeiten und unverhalte miteins, daß der Rhein in hiesigen Gegenden durch die solange angehaltene und noch immer fortdauernde sehr strenge Kälte schon seit 3 Tagen fest zugefroren seie. Man bemerkt indeßen bis herzu noch gar keine Bewegungen unter den Franzosen, die auf einen Versuch deuten, denselben pahsiren zu wollen. Jedoch geht schon Morgen die Odonellische*[21] *Kanzlei von Mülheim nach Wermelskirchen, die Operations-Kanzlei, und alles was zum Staab gehöret, kommt wieder nach Merheim, 1 Stunde hinter Mülheim, und die schwere Canonen sind bereits von Mülheim bis hinter Buchheim, ½ Stunde von Mülheim, weggeschafft werden, nur ein Sechspfündner und 1 Haubitze sollen stehen bleiben, und die übrigen wieder mit den Feldstücken*[22] *der Regimenter ersetzt werden. Man schwebt also noch immer zwischen Forcht und Hoffnung, ob die Franzosen den Übergang über den Rhein versuchen werden oder nicht.*
*Nach einem Schreiben aus Dülmen vom 13. sind die Franzosen am 7ten dieses, die Waal bei Vochenvaart paßirt und haben die Engelländer über die Lieg*[23] *zurückgeworfen. Letztere haben die Stadt Deventer sich zu ihrem Hauptquartier gewählt, auch selbe schon bezogen.*
*Dies ist alles, was ich Ewer Hochw. Exzellenz für heute berichten kann, es bleibt mir also nur noch übrig, mich hiemit ganz gehorsamst zu empfehlen, und mit allersinnliche Hochachtung immerhin zu erharren.*

*Morsbroich, den 20. Jenner 1795* | *Ewer Hochwürden Exzellenz*
*Gantzgehorsamster Diener*
*von Roll.*

*Hochwürdig Hochwohlgebohrener Freyherr,*
*Hochzuverehrendester Herr Landkomthur und Ordens-Bruder!*

*Ewer Hochwürden Exzellenz Hochverehrliche Zuschrift vom 24ten dieses hatte ich die Ehre, heut richtig zu erhalten und daraus zu ersehen, daß Sr. des Herrn Hoch- und Deutschmster Kurfstl. Dchlt. auf Hochdero abermalige Vorstellung, dem Herrn Rathen Marck (wie dieser mir auch heute berichtet hat) die gnädigste Weisung haben zugehen lassen, an mich einsweilen aus der General-Ordens-Cassa 1000 Florins auszuzahlen. Ich anverfehle dahero, Ewer Hochw. Exzellenz für die*

[20] Angebot
[21] Odonelli vermutlich ein österreichischer Heerführer.
[22] Feldstück = kleine Kanone.
[23] Lieg = Lech?

*sich meinethalben hierunter gegebene Vielfältige Bemühung wiederhölter den gehorsamsten Dank zu erstatten, und laße Hochdenenselben, wenn die untergebene Sache nach eingegangenen Großkapitularischen Gutachten bei der Conferenz Vorkommen wird, mein Anliegen bester Maaßen anempfohlen seye. Ob es nun auch nötig seie, daß ich für diese Vorläufige Gnädigste Verfügung Sr. Kurfrstl. Dchlt. den unterthänigsten Dank schriftlich ablege, oder ob es schon gnug, seie, wenn Ewer Hochw. Exzellenz in meinem Nahmen (wie ich allenfalls hiemit ganz gdst. bitte) Sr. K. Dchlt. mich dieserthalben zu Füßen legen. Ich erbitte mir hierüber eine hochgefällige Nachricht und habe die Ehre, zugleich ferner zu bemerken, wie ich den Vorschlag, welchen Hochdieselben zur Auszahlung sothaner Gelder dem Herrn Hofrathen Rosalino gemacht haben, am dienlichsten und zu baldiger Erhaltung derenselben recht gut zu seyn erachte.*
*Ich habe auch bereits mit heutiger Post den Herrn Rathen Marck ersucht, besagte Summe von 1000 fl. mit ehestem an Herrn Hofrathen Rosalino zu übermachen. Ich empfehle mich sehr vielmalen, und habe die Ehre mit der ausgezeichnetesten Hochachtung fernerhin zu erharren*

*Morsbroich, den 30. Jenner 1795*

*Ewer Hochwürden Exzellenz*
*gantz gehorsamster Diener*
*von Roll.*

*P.S. Für die mir höflichst mitgeteilten Neuigkeiten danke verbindlichst. Aus hiesigen Gegenden ist dermalen weiter nichts zu berichten, als daß, durch die vor ein paar Tägen eingetretene gelinde Witterung, das Rheineis in hiesiger Gegend aufgebrochen und gestern zu treiben angefangen habe, ein welches anfänglich ohne vielen Schaden zu verursachen herzugehen schiene; allein da auch gestern Nachmittag das obere Rhein-Eis dazu kame und vermuthlich unten noch keine Öffnung gewesen seyn muß, so geschahe es, daß durch diese Stockung die am Rhein liegenden Dörfer als: Wiesdorf, Niehl, Merkenich und sonstige den Rhein hinunter gelegenen Ortschaften unter Wasser gesetzt wurden, welches sich doch nun, weilen das Eis auf der anderen Seite des Rheins durchgebrochen, wiederum zimlich verloren hat. Indeßen ist der Rhein noch würklich mit Eis sehr angefüllt, und es ist zu beförchten, daß bei der frischerdings sich eingefundenen starken Kälte solcher nochmalen zufrieren werde.*
*Bei der neulichen Concentrirung der K.K. Armee am Rhein hat sich ein sichrer Graf Wallis, Oberst des Infanterie-Regiments von Gemmingen, mit seinem Adjutant und Bedienten bei mir einquartirt, ist auch wirklich noch hier, und Gott weiß, wannehe Er wieder abziehen wird. Indeßen ist bei jetzig fatalen und außerordentlich theuren Zeitläuften diese Einquartirung für mich sehr kostspielig, und zwarn um so mehr, als ged. Herr Obrist auch täglich viele Besuche hat, welche mir dann zu Last fallen.*

*Der Himmel wolle doch diesen unglücklichen Kriege ein baldiges Ende machen, damit wir so wohl von unseren Feinden als Freunden befreiet werden.*

*Hochwürdig-Hochwohlgebohrener Freiherr,*
*Hochzuverehrendester Herr Landkomthur und Ordens-Bruder!*

*Euer Hochwürden Exzellenz Hochverehrliche Zuschrift vom 3ten und 7ten dieses hatte ich die Ehre, mit heutiger Post beide zu erhalten. Ich werde also nicht ermangelm, wegen denen mir notificirten*[25] *2 Todesfällen, meine ordensbrüderliche Schuldigkeit abzumachen, und berichte zugleich ferner, wie ich sowohl jene 1000 Rthlr. für die Beköstigung deren Jenseitigen Pferden und Knechten aus Mangel einer schicklichen Gelegenheit – als auch wegen denen mir aus der General-Ordens-Kasse gnädigst ausgeworfene 1000 Florins, einige Nachricht von Herrn Hofkammerrathen Rosalino bis herzu nicht erhalten habe. Ich hoffe indeßen, daß solche, in ein paar Tagen zeit, eintreffen werde; solte dies aber nicht geschehen, so werde dem Herrn Rosalino desfalls zuzuschreiben bemüßiget seyn.*
*Im gefolg Ewer Hochwürden Exzellenz gnädigen Gutbefindens folget ein untgstes Schreiben hiebei, welches zu Höchsten Handen ich zu überreichen bitte, und der getrösteten Hoffnung lebe, daß Sr. K. Dchlt. darauf gnädigste Rücksicht nehmen, und der Hohe Orden mich in meinen alten Tägen nicht im stich laßen werde.*
*Das Militaire ist hiesiger Orten nun wiederum in völliger Bewegung. Heute ist der Herr Oberst, Graf von Wallis, welcher 3 Wochen lang bei mir einquartirt ware, mit seinen Truppen von hier weg – in die Gegend von Siegburg hingezogen. An dessen Stelle ist aber auch bereits Herr General Graf Baillet de la Tour, Bruder des Feldmarschall-Lieutnants de la Tour, mit dem Regiment Jordis in hiesige Gegend eingerückt und hat sich ebenfalls bei mir einquartirt; wie es heißt, werden die K.K.Truppen die untere Rhein-Gegenden verlaßen und deren Stellen durch die von der obere Rhein-Armee kommenden – und bereits in der Gegend von Lennep und Wermelskirchen durchpassierenden 20 000 Mann Preußen ersetzt werden. Man marschirt den ganzen Winter hindurch, herauf und herunter, Gott weiß, wo es hingehen wird, wenn die Franzosen die 4te Campagne eröffnen.*
*Ewer Hochw. Exzellenz bin ich zwarn für das gnädige Offert des bei Hochdero Herrn Brudern zu Paderborn allenfalls zu nehmende Quartiers den verbindlichsten Dank schuldig, allein, wo wird man Sicherheit finden, wenn die Franzosen auf einmal Meister des diesseitigen Rheinufers sind. Unmöglich ist Ihnen ja schier nichts mehr, alles was sie tentiren*[26] *gelingt ihnen, und alle Elementen helfen ihnen dazu. Gott allein kann, und wird hoffentlich dießem unglücklichen Kriege ein Ende machen.*

[25] mitgeteilten
[26] beabsichtigen

*Unter Anhoffnung beßerer Zeiten, empfehle ich mich sehr Vielmalen, und habe die Ehre, mit der ausgezeichnetesten Hochschätzung immerhin zu erharren.*

*Morsbroich, den 14ten Febry 1795*

*Ewer Hochwürden Exzellenz*
*gantz gehorsamster Diener*
*von Roll.*

*P.S. Der Kalender von der Ballei Francken ware nicht beigeschloßen!*

*Hochwürdig-Hochwohlgebohrener Freiherr,*
*Sonders Hochgeehrtester Herr Landkomthur und Ordens-Bruder!*

*Euer Exzellenz wird aus Befehl meiner schon Vorlängst durch den Herrn Hof- und Ballei-Rathen von Welter referirt worden seyn, daß ich in der Zukunft Hochderoselben alle Collationen*[27] *der in der Ballei vacant werdenden Pfarreien und Beneficien*[28] *überlassen wolle, wie ich dann Hochderoselben die durch das Absterben des Herrn Brewer vacant gewordenen zwei Beneficien, als das Rectorat zu Noithausen*[29] *und die Vicarie zu Schlebusch zu neuer Collation überlaße. Gleichwie nun das Rectorat zu Hottorff auch leicht über kurz oder lang vacant werden dörfte, und ich solches auf den Fall dem Sohn obgedachten Herrn Hofraths dem Ignaz Felix, meinem Taufpath, vor einigen Jahren schon zugesagt habe; alß will ich Ewer Exzellenz gebeten und anempfohlen haben, diese meinem obgedachtem Sohn auf das Rectorat zu Hottorff gegebene Versicherung zu bestättigen, und dieße Bestätigung mir gefälligst zugehen zu lassen. Womit mich gehorsamst empfehle, und die Ehre hab, mit allersinnlichen Hochachtung zu beharren.*

*Morsbroich, den 13. März 1795*

*Euer Hochwürden Exzellenz*
*gantz gehorsamster Diener*
*von Roll.*

*Hochwürdig-Hochwohlgebohrener Freiherr,*
*Hochzuverehrendester Herr Landcomthur und Ordens-Bruder!*

*Euer Hochwürden Exzellenz Hochverehrlichen Erlaß vom 16ten dieses hatte ich heut die Ehre zu erhalten, und daraus zu ersehen, daß Sr. Kurfrstl Dchlt. Gnädigste Entschließung in betref der Unterstützung deren durch den jetzigverderblichen Krieg verunglückten Hohen Ordens-Gliedern zwarn bis dahin noch nicht erfolget sein, jedoch dem Vermuthen nach in Kurzem erfolgen dörfte. Es*

[27] Besetzungen (Besetzungsrecht bei frei werdenden Pfarrstellen).
[28] geistliches Amt.
[29] Ort im ehemaligen Kreis Mülheim/Rhein.

*bleibt also weiter nichts übrig, alß sothanen höchsten Entschluß mit aller gedult unterthänigst abzuwarten.*
*Belangend die durch den Tod des seel. Herrn Brewer vacant gewordenen 2 Beneficien, nehmlich die Personade zu Noithausen, und die Vicarie zu Schlebusch, erhielt ich gestern auch ein desfallsiges Schreiben von Herrn Hof- und Ballei-Rathen von Welter, worauf ich demselben meine Meinung bereits dahin eröffnet habe, daß ich wegen Ersterer schon unterm 22. Febry v. M. Hochdenenselben dasjenige einberichtet hätte, und daß, wenn Hochdieselben sothane Personade dem Jungen Broich oder aber dem geistlichen Herrn Oeppen conferirten, ich mit deme was Hochdieselben desfalls gut verfügen würden, gänzlich zufrieden seie; in pto. der Vicarie zu Schlebusch aber der Meinung seie, daß solche mit einem Subject, welches dieselbe gleich antreten und bedienen könne, zu besetzen seie. Falls nun Ewer Hochw.-Exzellenz der nehmlichen Meinung seien, ich alsdann Jemand hierzu in Vorschlag bringen würde, wenn aber Hochdieselben hierinnen ein anderes gdst. zu verordnen beliebten, und hierzu schon Jemand bestimmt hätten, ich als Wiederum zufrieden seie.*
*Ewer Hochwürden Exzellenz haben ganz recht dabei, wie es zu bedauern seie, daß man nicht zeitig genug alles aus Köln weggeschafft habe. Allein! dies würde auch ohnfehlbar geschehen seyn, wenn man mir nicht immer geschmeichelt hätte, daß noch keine Gefahr vorhanden, und noch nichts zu beförchten seie. Nun aber bleibt weiter nichts übrig als daß man sich dem Willen Gottes ergebe, und sein Schicksal mit gedult ertrage. Von Herrn Rosalino habe ich zwarn die bewusten 1000 Florins noch nicht empfangen; ich werde solche jedoch binnen einiger Tägen von einem Kaufmann in Mülheim gegen Absignation auszahlter erhalten.*
*Ich danke übrigens für alle mir höflichst mitgeteilten Neuigkeiten ganz gehorsamst, und berichte Von hieraus, daß nunmehro alle sowohl am Rhein als in Westphahlen gelegenen K. K. Regimenter in starken Märschen nacher Frankfurt und dasiger Gegend hinziehen. Nur bis an die Ruhr wird der Rhein noch mit Kaiserlichen Truppen, jedoch in geringer Anzahl, besetzt bleiben. Mich soll's wundern, ob man nun doch noch die 4te Campagne bei Mainz eröffnen wird.*
*Gott gebe nur der Sache einen glücklichen Ausschlag! Ich habe indeßen die Ehre, mit der Vorzüglichsten Hochschätzung fernerhin zu erharren.*

*Morsbroich, den 23ten März 1795*

*Euer Hochwürden Exzellenz*
*gantz gehorsamster Diener*
*von Roll.*

*P. S. Man sagt dahier, Herr von Wambolt habe eine Fräule von Gaugreben geheiratet. Obs wahr sein, und ob derselbe eine Bedienung Vielleicht erhalten habe, hierüber werden Ew. Exzellenz vermuthlich einige Nachricht mitteilen können.*

*Hochwürdig-Hochwohlgebohrener Freiherr,*
*Hochzuverehrendester Herr Landkomthur und Ordens-Bruder!*

*Euer Hochwürden Exzellenz hochverehrliche Zuschrift vom 3ten dieses hatte ich heut die Ehre nebst dem hierbei rückgehenden Anschluße zu erhalten.*
*Eben so wie ich nichts darwider gehabt habe, daß Ewer Exzellenz die erledigte Personade zu Noithaußen dem geistlichen Herrn Oeppen zu confiriren beliebten, eben so recht ist es mir, wenn Hochdieselben den Herrn Neuhs, Vicarius zu Dünnwaldt, durch die Recommendation des Herrn Generals von Belderbusch, auch mit der Vicarie zu Schlebusch begnädigen wollen. Nur bemerke ich hiebei, daß dieser Neuhs derjenige nicht seie, welchen ich zu der Vicarie in Vorschlag zu bringen Sinnes ware, und zwarn um so weniger, alß zu beförchten seyn dörfte, daß, wenn dieser sothane Vicarie erhielte, alsdann entweder die Eine oder die andere nicht gut bedient-, sondern vernachläßiget werden mögte; zudem es auch gewis nicht undienlich seyn dörfte, wenn (jedoch ohne Nachteil der Stiftung) ein Subject, welches wirklich Curam*[30] *hat, auch sich allenfalls zur Schulhaltung bequemen dörfte, zu dieser Vicarie ausersehen würde.*
*Übrigens bin ich Euer Exzellenz schon zum Voraus obligirt*[31]*, daß Hochdieselben auf den jungen Broich bei fernerem Erledigungsfall eines Beneficii gnädige Rücksicht nehmen wollen. Das Rectorat zu Hottorff belangend, werde ich Hochdero desfalls heegenden guten Gesinnungen dem Herrn Hofrathe von Welter bekant machen. Inmittels dancke ghst., daß Euer Exzellenz zu seiner Zeit sich meiner hieruntigen Empfehlung gnädig erinnern wollen.*
*Unter Anhoffnung, daß Hochdero mir höflichst mitgeteilten Neuigkeiten sich bald bestättigen mögen, habe ich die Ehre, mit der ausgezeichneten Hochachtung immerhin zu bestehen.*

*Morsbroich, den 12ten April 1795* — *Ewer Hochwürden Exzellenz*
*gantz gehorsamster Diener*
*von Roll.*

*Hochwürdig-Hochwohlgebohrener Freiherr,*
*Hochzuverehrendester Herr Landkomthur und Ordens-Bruder!*

*Euer Hochwürden Exzellenz hochverehrliche Zuschrift vom 27ten v. M. samt dem Anschluße in betref deren von Sr. des Herrn Hoch- und Deutschmster Kurfrstl. Dchlt. mir und mehreren andern durch den gegenwärtig Verderblichen Krieg Verunglückten Hohen Ordens-Gliedern Gnädigst zugedachten Unterstützungen hatte ich heut die Ehre, richtig zu erhalten, und ohnermangeln dahero nochmalen*

[30] Berufung als Geistlicher.
[31] zu Dank verpflichtet.

*Hochdenenselben für alle hierunter für meine Persohn Sich gegebenen Bemühungen den ghsten. Dank hiemit abzulegen. Und gleichwie ich zu Erhaltung deren Gnädigst für mich ausgeworfenen Adjuten-Gelder, am besten zu seyn erachte, wenn ich solche ebenfalls (wie auch ohnlängst mit denen 1000 fl. geschehen ist) in Mülheim gegen einen auf Herrn Hofkammerrath Rosalino auszustellenden Wechsel erheeben kann. So bitte ghst. den Herrn Rathen Mark hierüber des Ends hochgefälligst benachrichtigen zu laßen, damit derselbe jedesmal sothane Gelder an Herrn Rosalino übersenden, und mich sodann über die Ankunft derenselben zu Frankfurt, durch ihn, Herrn Rosalino, möge avisiren lassen.*
*Für die mir höflichst communicirten Neuigkeiten danke ich übrigens ganz Verbindlichst. Von hieraus kann nicht viel Neues obrückerwidern, und das wenige, was man vom Krieg oder Frieden sprechen hört, läuft so durcheinander, daß man gar nicht weiß, was und weme man glauben solle. Heut glaubt- und Morgen zweifelt man schon wieder an dem Frieden zwischen Preußen und Frankreich. Ebenso sagt man bald, daß in kurzem ein allgemeiner Friede zustande kommen würde; bald heißt es wiederum, daß noch nicht einmal ein Kaiserlicher Gesandte bei dem Congreß zu Basel seie, und so eben sagt man mir, daß vor ein paar Tagen eine sehr hitzige Affaire bei Mainz vorgefallen, die Franzosen jedoch dabei den Kürzeren gezogen, auch viele Canonen verlohren haben sollen. Nur die Zeit kann uns alles auflösen. Gedult also!*
*In voriger Woche hatte ich die Ehre, von Hochdero Frau Baase, der Frau von Forstmeisterin, auf einige Tage heimgesucht zu werden. Hochdieselbe befindet Sich noch recht wohl, verlangt aber auch recht sehr nach einem baldigen Frieden, um wiederum in ihr Voriges Domicilium kommen zu können. Ich empfehle mich sehrvielmalen, und habe die Ehre, mit der ausgezeichnetesten Hochschätzung zu bestehen.*

*Morsbroich, den 3ten Mai 1795* *Euer Hochwürden Exzellenz*
*ganz gehorsamster Diener*
*von Roll.*

*Hochwürdig-Hochwohlgebohrener Freiherr,*
*Hochzuverehrendester Herr Landkomthur und Ordens-Bruder!*

*Euer Hochwürden Exzellenz Hochverehrliches Schreiben vom 23ten dießes, hatte ich die Ehre, nebst dem Trauerbrief wegen Unseres verstorbenen Herrn Ordens Bruders, Herrn von Reinach, zu erhalten, und werde nicht verfehlen, das ordensbrüderliche Gebett zu entrichten, und die statutenmäßigen Exequien zu seiner Zeit zu veranstalten.*
*Für Hochdero höfliche Mitteilung deren Neuigkeiten erstatte Ich den Verbindlichsten Dank und freue mich, daß es in der Herrschaft Elßen noch so ziemlich gut aussehe.*

*Auf meinen Höfen ist zwarn auch noch nicht alles weg, indeßen dauern die Requisitionen*[32] *allerlei Früchten noch täglich fort, und die Pferde, Hauptsächlich aber das Rindviehe haben sehr herhalten müßen. Bei allem deme muß man denken : Der alte Gott lebt noch und verläßt die Deutschen nicht : Nur Friede !*
*Damit alles in seine vorige Ordnung zurückkehre.*
*Ich beziehe mich übrigens auf mein Antwortschreiben vom 24ten dieses, empfehle mich annebst sehr vielmalen und habe die Ehre mit der Vorzüglichsten Hochschätzung fernerhin zu bestehen.*

*Morsbroich, den 28ten Mai 1795* — *Euer Hochwürden Exzellenz*
*ganz gehorsamster Diener*
*von Roll.*

*Hochwürdig-Hochgebohrener Freiherr,*
*Hochzuverehrendester Landkomthur und Ordens Bruder !*

*Heut hatte ich die Ehre, Euer Hochwürden Exzellenz Hochverehrliche Zuschrift vom 2ten dieses richtig zu erhalten, und ohnermangele dahero, Hochdenenselben für die mir höflichst communicirten Neuigkeiten anmit den gehorsamsten Dank zu erstatten, da aber von dem am 1ten Juni erfolgt seyn sollenden Übergange der Kayserl. Armee über den Rhein bisherzu noch nicht die mindeste Nachricht dahier in der Gegend eingeloofen ist, so solte man Vermuthen, daß dieser Plan wiederum müße abgeändert worden seyn. Gott gebe indeßen, daß, wenn es wirklich dazu kommen sollte, die gerechten Waffen Unsern Wünschen entsprechen und einen weit Vorteilhafteren Frieden – als jener zwischen Preußen und Frankreich ist – erzwingen mögen, dann, wie mir Herr General von Kleist schreibt, sind so wohl der F. M. von Möllendorff als auch sonstige Preußische Herren Generäle und Offiziere mit dem Preuß. Frieden selbst unzufrieden, und es dörfte leicht geschehen, daß dieser Friede zu seiner Zeit wieder einen neuen Krieg hervorbringe. Euer Hochwürden Exzellenz danke ich ferner, für die mir in betref derer Adjuten-Gelder gegebene hochliebige Nachricht, ich werde nun die in Frankfurt wirklich in Bereitschaft liegenden 1000 Fl. mir in Mülheim auszahlen lassen, und dann den Herrn Hofkammerrathen Rosalino über die zukünftigen Auszahlungen meine Gesinnung bekant machen. Was der Ersatz deren Auslagen für die jenseitigen Kostgänger betrifft, statte ich imgleichen den verbindlichsten Dank ab, daß Euer Hochwürden Exzellenz die Gnade haben wollen, mir solchen wirklich aus dem Cassen-Vorrath refundiren zu laßen, allein, da ich – Gott lob – bis heran noch von meinem eigenen Schmalz gelebt habe, und die Adjuten-Gelder richtig zu erhalten hoffe, so werde von Hochdero Gnade ich ehender nicht, bis daran es die Noth erfordert, zu profitiren mir erlauben.*

[32] Beschlagnahmungen.

*Übrigens haben Euer Hochwürden Exzellenz meines Erachtens ganz recht dabei, wenn Sie Sich den Gesandtschafts Posten bei dem allgemeinen Congreß-falls Hochdieselben das Los treffen solte – um so mehr untgst. verbetten, als es allemal beßer ist, derlei Beschwer- und Verdrießlichkeiten Sich zu entziehen, als Sich denselben zu unterziehen.*
*Der ich ansonsten, unter Anhoffnung eines bald zustande kommenden allgemeinen Friedens mit der ohnbegränzten Hochschätzung zu sein die Ehre hab.*

*Morsbroich, den 7ten Juni 1795*

*Euer Hochwürden Exzellenz*
*ganz gehorsamster Diener*
*von Roll.*

## 2. Die Dienerschaft des Schlosses

Komtur Ignaz Felix von Roll erfreute sich, wie das Inhalt und Form seiner letzten Briefe bezeugten, bis zu seinem Lebensende geistiger Frische und Regsamkeit. Auch als 75jähriger noch war er von körperlichen Beschwerden und Gebrechen verschont geblieben. Zu ihm kam der Tod als Freund; denn während er noch am 23. Juli sich abends in seinen Gartenanlagen der Muße hingegeben hatte, fand ihn sein Kammerdiener, Nicolaus Poll, am 24. Juli 1795 tot in seinem Schlafgemach. Mit ihm trauerte die große Familie der Ballei Koblenz und die Dienerschaft des Hauses Morsbroich um einen der Wahrheit und Gerechtigkeit ergebenen Mann. Als er mit allen Ehren beerdigt worden war, machte sich die Kriegsnot im adeligen Hause am Dhünnbach drückender bemerkbar. Die Hauptlast trug jetzt in erster Linie der Verwalter Linden. Er führte, wie er es in der Schule seines Herrn gelernt, immer noch genau Buch über die Einnahmen und Ausgaben der Hauskasse. Alle Jahresrechnungen aus der Kriegszeit von 1795 bis 1802 liegen noch in den Ordenspapieren im Staatsarchiv Koblenz unter der Abteilung 55 A. Nr. 277 vor. Dazu gehört auch eine Liste über die der Dienerschaft zu Morsbroich restierenden Besoldungen, Pensionen, Löhnen und Kostgelder aus der Zeit von 1795 bis 1802. Verwalter Linden reichte sie am 6. August 1802 seiner Herrschaft in Mergentheim ein:

| | *Rtlr.* | *Stbr.* | *Heller* |
|---|---|---|---|
| *Der ehemalige Hausmeister Simon hatte im Jahr 1795 an Gehalt noch zu empfangen............* | *225* | | |
| *Sodann hatte derselbe vom 1ten Jenner 1796 als dem Tage, an welchem das Gnädige Reglement de dato* | | | |

| | Rtlr. | Stbr. | Heller |
|---|---|---|---|
| *Mergentheim, den 29. Novbris 1795 seinen Anfang nahm – bis zum 1ten Julius laufenden Jahres an Pension zu empfangen* ........................ | *1170* | | |
| *Summe* | *1395* | | |
| *Hierauf hat er, Simon, vor und nach empfangen* .. | *806* | *31* | *12* |
| *Mithin restiren Salvo currente* | *588* | *28* | *4* |
| *Der verstorbene Kammerdiener Nicolaus Poll hatte im Jahre 1795 an Gehalt noch zu empfangen* ..... | *107* | *20* | |
| *Und vom 1. I: 1796 bis 27. IV. 1801* an Pension | *960* | | |
| *Summe* | *1067* | *20* | |
| *Hierauf ausgezahlt erhalten* .................. | *574* | *34* | *12* |
| *Mithin restiren* | *492* | *45* | *4* |
| *Verwalter Linden hatte im Jahr 1795 an Gehalt annoch zu empfangen,* ...................... | *250* | | |
| *sodann vom 1. Jenner 1796 bis zum 1ten Juli an Salär und Kostgeld* ...................... | *1950* | | |
| *Summe* | *2200* | | |
| *Hierauf hat derselbe ausgezahlt erhalten* ........ | *1253* | *50* | |
| *mithin restirend* | *946* | *10* | |
| *Die Haushälterin Jgfr. Marx hatte im Jahr 1795 an Jahrlohn annoch zu gut* .................. | *19* | *10* | |
| *Und vom 1ten Jenner 1796 bis zum 1ten Juli laufenden Jahres an Kostgeld und Lohn zu empfangen* ... | *779* | *50* | |
| *Summe* | *799* | | |
| *Hierauf sind derselben zahlt worden* ........... | *356* | *16* | |
| *Folglich restiren* | *442* | *44* | |
| *Der Gärtner Wolterus Schneider hatte im Jahr 1795 an Jahrlohn noch zu empfangen* .............. | *42* | *16* | |
| *sodann vom 1ten Jenner 1796 bis den 7ten März 1801, als dem Austrittstage aus Landkommenthürlichen Diensten, an Kost und Löhnung* ...... | *492* | *48* | |
| *Ferner hat derselbe vom 5. Febry d. J. bis zum 1ten Aug. laufenden Monats an Taglohn und Kostgeld, 6 tag zu 21 Stbr. accordirter zu empfangen* ..... | *53* | *38* | |
| *Summe* | *588* | *36* | |
| *Hierauf hat derselbe von uns noch empfangen* ..... | *278* | *23* | |
| *Folglich restiren* | *310* | *13* | |

| | Rtlr. | Stbr. | Heller |
|---|---|---|---|
| *Der ehemalige Revier-Jäger Johan Schmitz hatte im Jahr 1795 noch an Jahrlohn zu empfangen ......* | 37 | 30 | |
| *sodann vom 1ten Jenner 1796 bis zum 7ten Febry 1800 als dem Austrittstage aus Landkommenthürlichen Diensten an Lohn und Kostgeld ..........* | 413 | 40 | |
| *Summe* | 450 | 10 | |
| *Hierauf sind demselben auszahlt worden ........* | 331 | 22 | |
| *Mithin restiren* | 118 | 48 | |
| *Der verstorbene Schreiner Joseph Haug hatte im Jahre 1795 an Jahrlohn und Pförtner Gehalt noch gut ..................................* | 40 | 50 | |
| *Sodann hatte derselbe und seine Frau vom 1ten Jenner 1796 bis zum 2ten Febry 1799 als dem Austrittstage des Landkomenthürlichen Dienstes an jährlichem Kost- und Lohngeld zu empfangen ............* | 462 | 30 | |
| *Summe* | 503 | 20 | |
| *Hierauf sind demselben auszahlt worden ........* | 336 | 12 | |
| *Mithin restiren* | 167 | 8 | |

*Der hiesige Revierjäger Bernhard so wie auch der Mitaufsichter der Büsche Peter Servohs sind beide bis auf den heutigen Tag vollends ausbezahlt*
*Morsbroich, am 6 Aug. 1802* *gez: Linden*

*Recapitulatio restantiarum*

| | | | |
|---|---|---|---|
| *Dem Hausmeister Simon restiren ............* | 588 | 28 | 4 |
| *Dem Kammerdr. Nicolaus Poll seel. ..........* | 492 | 45 | 4 |
| *Dem Computant Linden ......................* | 946 | 10 | |
| *Der Haushälterin Jgfr. Marx ...............* | 442 | 44 | |
| *Dem Gärtner Wolterus Schneider ............* | 310 | 13 | |
| *Dem ehemaligen Revier Jäger Schmitz .........* | 118 | 48 | |
| *Dem seel. Schreiner Haug modo dessen Frau ....* | 167 | 8 | |
| *Summe* | 3066 | 16 | 8 |

## 3. Ein Rundgang durch das adelige Haus

Die französische Regierung zog 1789 alle geistlichen Güter als Staatseigentum ein.

1803, nach dem Frieden von Luneville, widerfuhr den kirchlichen Körperschaften im westlichen Deutschland dasselbe Schicksal. Auch der große Deutschordensbesitz, Schloß Morsbroich mit seinem beträchtlichen Hof- und Waldbesitz, wurde als Staatsgut erklärt; es endete damit die glanzvolle Zeit einer Deutsch-Ordens-Kommende, deren Herren fast 200 Jahre lang sowohl das kirchliche als auch das politische Leben im niederrheinischen Raum günstig beeinflußt hatten.

Bevor die Regierung in Düsseldorf die Verwaltung über den ehemaligen Ordensbesitz und sein Herrnhaus übernahm, verpflichtete sie den Verwalter Linden ein *Verzeichnis deren aufm Hauße Morsbroich vorhandenen Hauß-Effecten* vorzulegen.

Es bildet, wenn wir so wollen, das Gegenstück von der aus dem Jahre 1800 noch vorliegenden Außenansicht des Schlosses (Abb. 4). Ein ringförmiger Wassergraben sicherte die Gebäude, die auf einer Insel lagen. Eine steinerne Brücke verband den Schloßhof mit der westlichen Landseite. Nach Süden hin, an den Wassergraben angelehnt, lagen Pförtnerhaus und Hubertusburg. Ihr gegenüber zogen sich in nördlicher Richtung Stallungen und Remisen hin. Das Haupt- und Herrnhaus, im Stil des ausklingenden Barock, gab seiner Bedeutung in Form und Farbe, in 2½ Stockwerken aufstrebend, einen repräsentativen Ausdruck. Streng aufgegliedert verteilten sich, die großen Empfangs-, Unterhaltungs- und Wirtschaftsräume im Kern des Hauses ausgenommen, 23 Zimmer und Nebenräume auf drei Stockwerke. Herzstück des Hauses war der große Speisesaal, im unteren Stock gelegen. Unter dem großen Leuchter stand ein ovaler Tisch auf eisernen Schragen. Zwei lange grün und weiß gestrichene Schränke aus Tannenholz standen sich gegenüber, und zwischen ihnen lenkten zwei runde Eckschränkchen den Blick des Eintretenden auf sich. Kleinere Tische mit Marmorplatten ruhten auf eisernen Füßen. Vier große Portraits zierten die Wandflächen: eins den Hoch- und Deutschmeister Carl von Lothringen und das andere seinen Nachfolger Clemens-August darstellend. Auch die Bildnisse der Landkomture Freiherr von Droste-Senden und Felix Ignaz von Roll (Abb. 1) nahmen sich als Wandschmuck neben ihren Vorgesetzten prächtig und würdig aus. Von der Passion dieser Reichs- und Landkomture sprachen 7 kleine Gemälde, von denen vier den Vogelfang und drei die Niederwildjagd versinnbildlichten. Im zweiten Stockwerk lagen die Hauskapelle und ein Billardzimmer, während im Souterrain eine große Küche den Hauptraum einnahm.

Begleiten wir Verwalter Linden bei seiner Inventuraufnahme durchs Schloß und sehen, was er in seinem

*Verzeichnis*
*deren zu Morsbroich annoch vorhandenen Hauß Gereidschaften*

alles aufnahm:

*Aufm Hauß-Speicher*

*Eine grün angestrichene eichene Bettlade*
*Eine dito kleine tannene, unangestrichen*
*Ein Feldbettgen*
*Ein alt lederner pferds-Sattel mit Platthahm und Hintergeschirr*
*Ein groß lederner Mantelsack*
*Ein großer vergoldeter Schilderei*[33]*-Rahmen*
*Zwei 4eckige und zwei 3eckige Tischger samt dazu gehörigen Vogelkörben*
*Noch einige alte Vogelkörbe*
*Zwei Fischwaden*[34]*, ein Krames Vogel-Garn und einige alte Stechgarn*[35]
*Eine glaserne große Angel, beschädigt*
*Einig altes eisen- und blechernes Geschirr*

*Aufm oberen Gange*

*Eine auf Tuch gemahlte große Schilderei*[36]*, die Jägerei vorstellend*
*Drei dito mit englischen Reitern*

*Auf der Mägden Zimmern*

*Ein grün angestrichene eichene Bettlade*
*Eine Hausuhr woran das Glas gebrochen mit Uhrkasten*
*5 auf Tuch gemahlte alte Portraits, deren 4 beschädigt*

*Auf der Leinewands Kammer*

*Ein sich auf- und abschlagender eichener Tisch*
*Ein langer tannener Mehlkasten*
*Zwei Gemarken-Kisten*[37]*, die Bürriger und die Dünfelder*

[33] Bilderrahmen
[34] Fischgabel?
[35] Stechgarne, vermutlich Netze zum Fangen von Feldhühnern oder Hasen.
[36] Große Schilderei = großes Bild.
[37] Diese Kiste enthielt Gerätschaften, die zum Markieren der schlagreifen Bäume in der Bürriger und Dünfelder Gemarkung (Gemeindewälder) bestimmt waren, wie auch das Gemarken Ordnungs- und Strafbuch.

*Auf dem Zimmer nordwärts, rechter Hand*

*Eine grün angestrichene eichene Bettlade*
*Eine tannene eingelegte Commode mit 4 Auszügen, beschädigt*
*Ein ovales Tischchen mit hohem Fuß*
*Ein goldgeblümter Spiegelrahmen ohne Spiegel*
*Ein Quintofen*[38] *mit eisernem Fuß*

*Auf dem gegenüber gelegenen Zimmer*

*Eine grün angestrichene eichene Bettlade*
*Ein höltzerner Nachts-Sekretär*
*Ein 4 eckig sich auf und zuschlagendes Schreibpult, beschädigt*
*Ein Quintofen mit eisernem Fuß*

*Auf dem Zimmer südwärts, linker Hand*

*Eine grün angestrichene eichene Bettlade*
*Ein viereckig eichener großer Tisch*
*Ein Quintofen mit eisernem Fuß*

*Auf dem gegenüber gelegenen Zimmer*

*Eine grün angestrichene eichene Bettlade*
*Ein viereckiges Tischgen mit hohem Fuß*
*Ein Quintofen mit eisernem Fuß*

*Aufm mittleren Gang unter der Treppe*

*Ein großer runder tannener Tisch mit Wachstuch überzogen, samt einem Schragen*
*Ein langer schmaler Tannentisch mit Schragen*
*Zwei Spieltischger, wovon die Überzüge weggerißen*
*Eine große runde glaserne Ampel*
*Eine tannene Tragtreppe*
*Ein großer Stauber*
*Ein Ofen mit eisernem Fuß und Pfeife*

*Aufm Zimmer nordwärts, rechter Hand*

*Eine grüne angestrichene eichene Bettlade*
*Eine tannene Commode mit 3 Auszügen, beschädigt*
*Ein ovales Tischchen mit hohem Fuß*

[38] Quintofen = Stubenofen.

*Ein hölzernes weiß und blau geblümtes Spiegeltischchen*
*Ein Portrait, vorstellend Großmeister zu Pferde sitzend*
*Ein Quintofen mit eisernem Fuß*

*Auf dem Zimmer gegenüber rechts, neben der Kapelle*

*Das Portrait Kaiser Josephs II., beschädigt*
*Ein rot und blau geblümter Spiegeltischfuß*
*Ein großer Quintofen mit eisernem Fuß*

*In dem daneben liegenden Schlafzimmer*

*Eine grün angestrichene eichene Bettlade*
*Ein viereckiges Tischchen mit hohem Fuß*
*Ein hölzerner Geridon*[39]
*Ein sich auf und niederlaßendes Schreibpütgen mit 1 Auszug*

*Auf dem Zimmer seitwärts, linker Hand*

*Eine grün angestrichene eichene Bettlade*
*Ein hölzerner Nachts Sekretär*
*Ein blau und roth angestrichener länglicht tannener Tisch*
*Ein Spieltischgen, wovon der Überzug weggerissen*
*Ein viereckiges Tischgen mit hohem Fuß*
*Ein Spiegeltischgen mit blauem Fuß*
*Das Portrait des hochseel. Kurfürsten Max Friedrich*
*9 Portraits vom Bayrischen Kurhauß, deren 3 beschädigt*
*Das Portrait des Papsten Benedict XIV.*
*Ein großer Quintofen mit eisernem Fuß*

*Auf dem Zimmer westwärts, rechter Hand*

*Das Portrait des höchseel. Kurfürst Max Franz – beschädigt*
*Ein großer Spiegel in rot und gelb geblümtem Rahmen*
*Ein darunter stehender Spiegeltischfuß*
*Ein großer Quintofen mit eisernem Fuß*

*In dem danebigen Schlafzimmer*

*Eine grün angestrichene eichene Bettlade*
*Ein hölzerner Nachts Sekretär*
*Eine eichene Commode mit 3 Auszügen*

[39] Geridon = kleines, rundes Tischchen auf drei Beinen (Nipptischchen, um Backwerk und Süßigkeiten anzureichen).

*Ein viereckiges Tischgen mit hohem Fuß*
*Ein Schreibpult mit einer Schublade*
*Ein hölzerner Geridon*

*Auf der Hauskapelle*

*Ein blau angestrichener hölzerner Altar, samt darauf stehendem Tabernakel und Crucifix, Meßbuch und Pültgen*
*Zwei kleine Ecktischgen mit weiß marmorsteinen Plättgen*
*Zwei weiß angestrichene Kniebänkelgen*
*Zwei alte Altartücher*
*Eine noch gute Kasul*[40] *samt Zubehör*
*Zwei dito beschädigte*
*Eine Albe*[41] *samt Cingulo*[42]
*Ein humerale, 3 Hand- 4 Kelchtüchelgen*[43]

*Im Billiard Zimmer*

*Ein Billiard, wovon der Überzug abgerissen*
*Zwei tannene blau angestrichene Eckschränkchen, jedes mit zwei Thürgen*
*Eine glaserne Ampel*

*Im unteren Stock, und zwar im Gang*

*Eine Schilderei, dessen Gemählde einen Hund mit einem Feldhuhn darstellt*

*Im großen Speisesaal*

(Siehe Seite 56) *Außerdem noch vier kleinere Wandleuchter*
*2 große Quintöfen mit eisernen Füßen*

*Im Nebenzimmer nordwärts*

*Ein großer blau und weiß angestrichener Spiegeltisch*
*Ein dito kleineres Spiegeltischgen*
*4 blecherne Wandleuchter*
*Ein Portrait, den Kurfürsten von der Pfalz, Carl Theodor, vorstellend*
*Ein anderes mit dessen Gemahlin*
*Ein drittes den König von Preußen, Friedrich II, vorstellend, dies letztere ist schier gänzlich zerhauen*

[40] Kasel = Oberstes Meßgewand.
[41] Albe = das lange weiße Untergewand eines Geistlichen.
[42] Cingulo = Gürtel.
[43] Schultertuch
[44] Vorhänge aus Kattun (Baumwollgewebe).

*Im Zimmer südwärts neben dem Saal*

*Ein rot angestrichenes Spiegeltischgen*
*10 Consolen*
*4 blecherne Wandleuchter*
*3 Portraits, deren eins den Kaiser Franz I., das andere die Kaiserin Maria Theresia und das dritte den Dauphin, Vater Ludwig XVI. vorstellend. Die beiden ersten sind stark beschädigt*

*Aufm Schlafzimmer des Hr. Landkom. von Roll seel.*

*Eine grün angestrichene eichene Bettlade mit roth Cattaunen Vorhängen*[44]
*Ein hölzerner Nachts Sekretär*
*Ein dito Geridon*
*Ein weiß angestrichener Tannenschrank mit 2 Thüren*
*Eine weiß angestrichene eichene Commode mit 3 Auszügen*
*Zwei kleine tuchene Schildereien mit darauf gemahlten Fasanen – beide etwas beschädigt*
*Drei dito größere – deren eine beschädigt*
*10 gelb und roth geblümte Spiegelrahmen*

*Im Neben Cabinet*

*Ein weiß angestrichenes Schreibpult mit 3 Auszügen unten und 2 Thüren oben – beschädigt*
*Ein hölzener Geridon – Ein Nachtstuhl – zwei Kniebänke*

*In dem anschießenden Schlafzimmerchen*

*Ein sich auf- und zuschlagender weiß angestrichener Bettkasten mit einem Aufsatze mit zwei thüren*
*Eine grün angestrichene eichene Bettlade*

*Im Vorzimmer*

*Ein blau angestrichener Spiegltisch*
*Ein blau und roth angestrichener langlichter Tisch*
*Eine hölzerne Console*

*Im danebigen Zimmer*

*Ein viereckig tannenes Tischgen mit hohem Fuß*
*Eine hölzerne Console*

*Im Souterrain, und zwar in der Küche*

| | |
|---|---|
| *Kupfergeschirr:* | *9 kupfern überzinnte Castrolen*[45] |
| | *1 großer kupferner Kessel* |
| | *1 kupferne Bratpfanne* |
| | *1 kupferne Tartenpfanne mit Deckel* |
| | *1 kupfer überzinntes Küchengeschirr mit 2 Griffen* |
| | *1 kupferne Büntenform* |
| | *2 kupferne Deckel* |
| | *2 kupferne Wasserpött mit Deckel* |
| | *3 kupferne Seyen* |
| | *1 kupferüberzinnter Schöpflöffel* |
| | *2 kupferne Anrichtslöffel* |
| | *1 kupferner Kaffeepott mit Krahnen* |
| | *1 dito kleinerer mit hölzernem Griff* |
| | *1 dito Milchpöttchen* |
| | *1 kupfernes Chocoladenpöttgen* |
| | *1 kupfernes kleines Caffeepöttgen* |
| | *1 altes kupfernes Caffeekänngen* |
| | *1 kupferne Lampe* |
| | *2 kupferne Bettpfannen* |
| *Zinn:* | *2 große und eine kleinere Suppenkümp* |
| | *5 große Schüßeln* |
| | *11 Suppenteller* |
| | *3 flache Teller* |
| | *1 zinnerner Becher* |
| | *1 Salzfäßchen* |
| *Blech:* | *Ein Kistgen mit Blech-Geschirr zum Backwerk machen* |
| | *2 blecherne Siebger* |
| | *1 Schaumlöffel* |
| | *3 alte Deckel* |
| *Eisen:* | *1 großer und zwei kleine eiserne Kessel* |
| | *1 kleine Kuchenpfann* |
| | *2 Schaumlöffel* |
| | *2 Bratenwender mit einem großen und 4 kleinen Bratspießen* |
| | *1 Anhang-Eisen mit 5 Knöpfen – 7 Kohlpfannen* |
| | *5 Dreifüß – 2 Bratrostern – 1 Aschekessel* |
| | *1 Querstange am Heerd mit 4 Kesselhaken* |
| | *1 Couffoir-Platte*[46] *mit 3 Löchern – 2 Fleischgabeln* |
| | *2 Platten zum Backwerk machen* |
| | *3 Bügeleisen mit 2 Roster* |

*In beiden Zimmern neben der Küche*

*3 Eichenschränke, jeder mit 2 Thüren*
*1 Tannenschrank mit 2 Thüren*
*2 runde Eichentischgen, deren eins eine Schublade hat*
*1 viereckig Tannentischchen mit einer Schublade*
*1 großer Holzofen*

*In dem Officianten Speiszimmer*[47]

*Ein großer viereckiger Tannentisch mit 2 Auszügen*
*Ein Quintofen mit eisernem Fuß*
*4 Heckscheeren*

*Gegenüber im Domestiquen*[48] *Zimmer*

*Ein langer tannener Tisch mit 2 dito Bänken*
*Ein dito kleineres Bämkelchen*
*Ein alt tannenes Tischgen mit einer Schublade*
*2 alte Portraits*
*1 Quintofen mit eisenem Fuß*

*In beiden Kellern*

*9, theils große, theils kleinere Fäßer*

*Im Haußgang*

*Ein viereckiger Eichentisch*
*Eine eichene Bank*
*Ein Fliogenschrank*
*Ein weiß angestrichener Haußuhr-Kasten*
*2 länglichte Fleisch-Büdden*
*1 hölzerne Waage*
*1 blecherne Leuchte ohne Glas*

[45] Castrole = Schmortopf.
[46] Couffoir-Platte = Herdplatte.
[47] Officianten-Zimmer = Zimmer für Bedienstete.
[48] Domestiquen-Zimmer = Gesindezimmer.

## *Auf der Hubertusburg*

### *Auf des Herrn Linden Zimmer*

*Eine weiß angestrichene eichene Bettlade*
*Eine Tannenkiste*
*Ein tannenes Schreibpult mit 3 Auszügen und einer kleinen Registratur*
*Ein viereckiger Tannentisch mit einer Schublade*
*Ein tannener Verschlag mit Protokollen und Rechnungen der Ballei und Landkommende Koblenz*
*Ein Quintofen mit eisernem Fuß und Pfeife*
*5 kleine Schildereien mit darauf gemahltem Obst*

### *Im danebigen Zimmer des Jägers Bernhard*

*Eine grün angestrichene eichene Bettlade*
*Ein tannenes Schreibpult mit 3 Auszügen*
*Ein viereckiges Tannentischgen mit einem Auszug*
*Ein hölzerner Nacht-Sekretär*
*Ein Quintofen mit eiesernem Fuß und Pfeife*

### *Gegenüber in des Herrn Simon Zimmer*

*Eine grün angestrichene eichene Bettlade*
*Ein weiß angestrichener Tannenschrank mit 2 Thüren*
*Ein kleines tannenes Tischgen mit einer Schublade*

### *Im Zimmer gegen der Treppe über*

*Eine grün angestrichene Bettlade*

### *In dem danebigen Zimmer*

*Eine grün angestrichene eichene Bettlade*
*Ein tannenes braun angestrichenes Schreibpult mit 3 Auzügen und mit einem Aufsatz – beschädigt*
*Ein dito blau angestrichener hoher Schrank mit 2 Thüren*
*Ein Quintofen mit eisernem Fuß und Pfeife*

### *Gegenüber in des Gärtners Zimmer*

*Eine grün angestrichene eichene Bettlade*
*Ein alter tannener Schrank mit einer Thür*
*Ein Quintofen mit eisernem Fuß und Pfeife*

*In dem danebigen Zimmer*

*Eine grün angestrichene eichene Bettlade*
*Ein eichener blau angetrichener Schrank mit 1 Thür*
*Ein dito braun angestrichenes mit mehreren Schubladen – beschädigt*
*Ein dreieckig eichenes Tischgen*
*Ein viereckig boichenes Tischgen mit einem Auszug*

*In dem gegenüber gelegenen Zimmer*

*Ein gelb angestrichene tannene Bettlade*
*Ein viereckig tannenes Tischgen*

*Im Zimmer über der Schreinerei*

*Zwei grün angestrichene eichene Bettladen*
*Ein tannener alter Schrank mit einer Thür*
*Ein tannenes altes Tischgen*

*Auf dem Haaber-Speicher*

*Eine gelb angestrichene weidene Bettlade*
*Eine tannene alte Bettlade*
*Ein dito Tisch – und 2 Kisten – nebst einem dito Verschlag*
*Ein grün angestrichener Schlitten*
*Eine Parthie Eichen- und Tannenbretter*
*13 Hirschgeweihe*

*In der Schreinerei*

*Eine Hubbelbank mit einigem Schreinerwerkzeug – 1 Kappes Schabe*

*In dem anschließenden Zimmer*

*Eine grün angestrichene eichene Bettlade*
*Ein eichenes noch nicht ganz fertiges Schreibpult*
*Ein schlechter Tannenschrank mit 2 Thüren*
*Ein dito Tischgen mit eichenem Fuß*
*Ein Ofen mit eisernem Fuß und Pfeife*

*Im Zimmer des seel. Pater Wendelin*

*Eine grün angestrichene eichene Bettlade*
*Eine tannene Bettlade in Form eines Tisches – beschädigt*
*Ein tannenes Schreibpult mit 3 Auszügen und einem Aufsatz*
*Das Portrait des Landkomthurs von Droste in Lebensgröße*
*Ein mit Leder überzogener Sessel*

*Im Pforte-Stübchen*

*Eine schlecht tannene Bettlade in Form eines Tisches*
*Ein viereckig nußbaumenes Tischgen mit einer Schublade*

*In beiden Pferdeställen*

*15 steinerne und 3 hölzerne Kribben samt Raufen*

*Auf beiden Pferdstalls Zimmern*

*3 alte tannene Bettladen*
*Ein braun angestrichener großer tannener Schrank mit 4 Thüren*

*In der Remisen*

*Ein großer Leiterwagen samt einer Decke*

*Vorhandene Stühle überhaupt*

*10 mit Ried geflochtene Stühle mit ledernen Sitzen*
*15 dito ohne Leder*
*8 mit Weiden geflochtene Stühle*
*7 mit Stroh geflochtene dito*
*30 ganz anständige alte Stühle.*

*Tischzeug und sonstiges Leinwand*

*11 Garnituren Damast Tischtücher, jede mit 12 oder 14 Servietten*
*22 Garnituren aus fein gebildtem Damast mit entsprechenden Servietten bis zu 24 Stück*
*Eine Tischdecke von Grob Damast Gebild mit 18 Servietten*
*Zwei sehr große ziemlich feine Gebild-Tischtücher ohne Servietten*
*Noch 3 Gebild-Tischtücher mittierer Gattung ohne Servietten*
*20 Paar meistens feine Bettücher*
*3 Handtücher von Gebild*
*9 feine Küßenziegen*

*Bettungen*

*8 Ziechen ferderne Bettungen*
*3 dito mit Trillenem Überzug*
*5 ferderne Püllen*
*23 ferderne Küßen*
*10 pferdshaaren Matrazen*

*3 weißbarcheten feine Decken*
*9 gestickte baumwollne Decken*
*3 wüllene Decken*
*2 Sack mit Ferdern für etwa 2 Bettungen*

*Silberwerk*

*1 silbern vergoldeter runder Vorlegslöffel mit hölzernem Griff*
*1 dito nicht vergoldeter länglicher Vorlegelöffel mit dito Griff*
*24 silberne Suppenlöffel mit hölzernem Griff*
*24 dito Confectlöffel, unten plattspitzig*
*27 Tafelmesser mit silbernen Plättger und hölzernen Griffen*
*24 dito Gabeln*
*2 dito Gabeln, so oben von Silber sind*
*12 kleine Tafelmesser mit silbernen Plättgen und runden hölzernen Griffen*
*12 dito kleine Gabeln*
*23 Confectmesser mit silbernem Plättgen u. hölzernen Griffen*
*24 etwas kleinere Confectmesser*
*24 kleine Gabeln*
*1 silberne Caffee-Kanne mit hölzernem Griff*
*1 dito Milchkänngen*
*1 schwarz hölzernes rundes Zuckerkümpgen mit einem silbernem Kettgen umbwunden, einem silbernem Einsatz,*
*12 silberne Zuckerlöffel mit hölzernen Griffen*
*6 Theelöffel ganz von Silber*
*1 dito Marklöffelgen*
*1 dito Salz- und Pfeffer-Dößgen*
*1 silbernes Schreibzeug, Dinten- und Sandkocher samt einer Schelle*
*1 Paar silberne Reitsporen*
*1 silberner Krampf zum Anhangen der Servietten*

*Porzellan*

*1 weiß porzellainene Bodouille*[49] *samt Deckel*
*2 dito längliche Schüßelen und eine runde dito*
*5 porzelaiene Dintenköcher*
*4 Salzfäßchen*
*3 schwarz porzellaiene Theepöttchen*

*Zinn*

*9 Zinnene Nachtgeschirr*
*2 Paar zinnene Leuchter*

[49] Bodouille = schalenförmiges Gefäß.

*Meßing*

*1 Paar meßing übersilberte Leuchter mit stahlern Lichtputze*[50] *und blecheren lackierten Lade*
*1 Paar dito kleinere*

*Blech*

*4 blecherne lackirte längliche Presentir-Teller*
*1 dito runder*
*20 kleine dito runde Tellergen zum Aufsetzen der Weingläser*

*Eisen*

*4 eiserne Leuchter samt 2 Lichtputzen*

*Glas*

*40 Caraffen – 2 große Weingläser mit Deckel – 14 kleinere dito – 4 Salzfäßger.*

## 4. Berichte des Schloßverwalters Linden

*Hochgebietend Gnädiger Herr!*

*Sind bis herzu bei denen Dicasterien*[51] *zu Ddorff sonderbahr noch keine Veränderungen vorgegangen, jedoch sieht man denenselben täglich entgegen.*
*Zum Kanzler wollen Einige den jungen Herrn von Hompesch*[52]*, einen Sohn des ehemaligen Herrn Ministers, andere aber den Herrn von Pfeil dazu ernannt wissen. Dieser letztere hat sich wenigstens viel Hoffnung dazu gemacht, und hat auch bereits ohnlängst das Weeg-Commissariat an einen Vetter von mir aus Mülheim, nahmens Arntz, abgegeben.*
*Alle Beamte haben dem neuen Landesherrn den Eid der Treue schwören und solchen in formal consucta*[53] *schriftlich nacher Ddorff einschicken müssen.*
*Die von dem Höchstseel. Landesherrn ertheilte Adjunctiones*[54] *sind alle aufgehoben und annullirt.*

[50] Lichtputze = Schere mit der Lichte geputzt und gelöscht wurden.
[51] Dicasterien = Behörden.
[52] von Hompesch, Minister in der pfalz-neuburgischen Regierung.
[53] formal consucta = in der entsprechenden Form (wie üblich).
[54] Adjunctiones = Verbindlichkeiten.

*Seit einigen Tagen befindet sich in Ddorf, auf den Ecken der Straßen ein französischer auch ins Deutsche übersetzter Zettel angeheftet, wodurch die Deutschen, als liebe Brüder der Franzosen, aufgefordert werden, die Österreicher und die Rebellen von Norden, jene Barbaren, mithelfen zu bekämpfen. Diese Zettel werden alle Nachts – obgleich eine sehr schwere Strafe auf die Frevler gesetzt ist – abgerissen. Es scheint also wohl, daß man sich deutscherseits nicht in die französische Bruderschaft wolle einschreiben lassen.*

*Inmittels geben diese öffentlichen Aufrufe Anlaß zu vielem Denken. Auch wurde vorgestern von dem Adjutant-General zu Ddorff., das mit der Briefpost angekommene Paquet mit den Frankfurter Zeitungen eröffnet, sodann die Zeitungen – außer einigen, die er für sich genommen – in Stücke zerrissen und für die Zukunft dieselben verboten.*

*Gestern hat man daselbst angefangen, die Reparation deren durch Eis und Wasser ruinirten Batterien durch mehr als 200 Bauern vorzunehmen, und, wie ich heute für zuverlässig vernohmen, sollen nicht allein, das zu Behuef deren Pallisaden zu Ddorff nötige Gehölz aus den Büschen der Geistlichkeit hergenohmen werden, sondern es sollen auch dieselben, das zur Proviantirung der Festung Ehrenbreitstein nötige Brennholz privative hergeben. Das dürfte also wohl den hiesigen Büschen den Garaus machen.*

*In verwichener sowohl als gegenwärtiger Woche sind abermalen alle dies- und jenseits des Rheins befindlichen Fahrzeuge, auch die fliegende Brücke des Herrn Bertoldi*[55] *– die nachher Ddorff geführt wurde – in Requisition gesetzt worden. Einige sagen, daß gleich oberhalb Köln – andere aber, daß bei Mondorf eine Brücke über den Rhein geschlagen werden solle. Ich hoffe, daß keines von Beiden geschehem werde.*

*Von Einquartierungen sind die hiesigen Gegenden nun schon ein paar Monathe hindurch, außer einigen kleinen Durchmärschen, fast ganz frei gewesen.*

*Die Nord-Armee hat sich auf der anderen Seite des Rheins hinaufgezogen. Seit dem ganzen Krieg war es in hiesigen Gegenden sowohl dies- als jenseits des Rheins nicht so leer an Truppen wie dermalen. Nur in den Städten und Flecken sieht man noch einige wenige, jedoch meistens Neuconscribirte*[56].

*Die Magazine von Deutz und Mülheim sind nun auch der Armee zu Wasser nachgeführt worden, und jetzt soll das arme Bergische Ländchen auch noch zur Verproviantirung Ehrenbreitsteins seinen Beitrag thuen.*

*Die Contribut- und Requisitionen dauern ununterbrochen fort.*

[55] Siehe Seite 73 Fußnote 76.

[56] Neuconscribirte = Neu ausgehobene (Soldaten).

*Hochwürdig Hochwohlgebohrener Reichsfreiherr,*
*Insbesonders Hochzuverehrendester Herr Landkomenthur,*
*Hochgebietend-Gnädiger Herr!*

*Euer Hochwürden Exzellens hochverehrliches Rescript vom 5. Juni abhin hab richtig zu erhalten die Gnade gehabt, und, gleichwie aus demselben gehorsamst zu ersehen hatte, daß Hochdero Aufenthalt noch in Ellingen sein, so hab die beiden Monath Status*[57] *Maji und Juni zur hohen Einsichte unterthänig anschließen sollen.*
*Zu Verproviantirung der Festung Ehrenbreitstein mit Brennholz sind ohnlängst von den geistlichen Corporationen des Herzogthums Berg privative mehrere tausend Klafteren*[58] *Holz requirirt worden. Zur desfalsigen Unterhandlung mit denen französischen Commissärs, und um mit diesen einen Accord in Geld zu treffen, so als auch zur Repartition desselben, wurden die Herren Prälaten von Siegburg und Altenberg und ein gewisser Stifts-Canonicus Bracht von Düsseldorf als Deputirte ernennet, und solchemnach von diesen zu Abkaufung sotenanen Holzes denen Commissärs ein Geld-Quantum von 21 400 livres*[59] *accordiret. Von dieser Summe wurden dem Hause Morsbroich 1000 und dem Guth Kochenholz 400 livres zu getheilet, und die Beschaffung des Betrages binnen sechs Tagen unter militärischer Executionsstrafe von der Regierung anbefohlen.*
*Kaum hatte ich die mir desfalls intimirten*[60] *Befehl an die Herrn Ballei-Räthe abgeschickt, so wurde mir schon wieder eine andere Verordnung insiuvirt*[61]*, vermög welcher ich zu Bestreitung des für die französische Wache und Bureaux in Ddorff erforderlichen Brands 46 Rchtlr. 33 Stbr. unter militärischer Executionsstrafe binnen 6 Tagen zahlen sollte.*
*Ich beschwerte mich über diese so enorm als unproportionirte Forderungen wiederholter bei dem Freiherrn von Pfeil, Hochwelchem ich denn auch die dermalige Lage des hiesigen Hauses miteins mündlich vorstellete. Freiherr von Pfeil – der mir zugleich auftruge, Euer Hochwürden Exzellenz seinen geehrten Respect zu vermelden – versprach mir denn auch, für Hochdieselben all mögliches thuen zu wollen.*
*Inmittels kame, nach Ablauf obiger Zahlungsfriste, ein näheres Mdtum. mit der Bedrohung des französischen Adjoint Gauthier, daß wofern nicht auf der Stelle gezahlt würde, alsdann die Execution mittels Wegführung der Geiseln und Abfällung des Holzes ohne alle Rettung erfolgen würde. Es mußte nun Geld geschafft*

[57] Monath Status = Monats-Abrechnung.
[58] Klafter Holz = Holzmaß, etwa 3½ cbm.
[59] livre = französische Währungseinheit.
[60] intimirt = mitteilen.
[61] insiuvirt = zugestellt.

*werden. Die Herrn Ballei-Räthe wußten mir ebenso wenig als Herr Rentmeister Dechen dazu zu verhelfen.*
*Man schickte zwar sogleich einen Expressen*[62] *an die Halbwinner ab, um etwa ein paar hundert Kronenthaler zu erhalten, allein das gelang nicht. Nun gab man sich Mühe, Gelder aufzuborgen. Allein auf geistliche Güter will heutiges Tags niemand was creditiren, ich kam also recht in die Klemme. Ich schrieb an den Deputirten der Geistlichkeit, Herrn Canonicus Bracht, der mein Freund, und annebst in Düsseldorf ein viel geltender Mann ist, und ersuchte denselben, bei dasigem General sich um einen Ausstand von einigen Tagen für mich zu verwenden, ein welches denn auch derselbe, laut zur hohen Einsicht beigegebenen Antwortschreibens, erwirkte.*
*Mittlerweile fand ich endlich Gelegenheit, von Herrn Aldenbruck in Mülheim 200 Stück Kronenthlr., jedoch auf meinem Namen aufzuborgen. Ohnverweilt begab ich mich also hiermit nach Ddorf, und ging zuerst zu meinem Freund Bracht. Durch dessen Vermittlung und Vorwort brachte ich meine Beschwerden und Angelegenheiten soweit, daß 1tens von denen dem Hause Morsbroich angesetzten 1000 livres 100 livres abgeschrieben wurden, 2tens die Zahlung deren, dem Gut Kochenholz zugetheilten 400 livres einsweilen suspendirt und der Richter loci zur Berichterstattung über das bei besagtem Gut befindliche Gehölz – dessen außer ein paar Eichbäumen keins vorhanden ist, mithin der Bericht ganz günstig ausfallen muß – aufgefordert wurde, und 3tens wegen obigen 46 Rchtlr., so als den künftigen Forderungen wegen Ehrenbreitstein, eine nähere und für Morsbroich vorteilhaftere Repartition vorgenohmen werden solle. Einsweilen hab also nur jene 900 livres mit 150 Kronthlr., jedoch cum Protestation*[63] *et Salvo regresso*[64]*, entrichtet.*
*Die von Herrn Aldenbruck creditirten 200 Stück Kronthlr. wird Herr Rentmeister Dechen demselben längstens binnen 6 Wochen zu refundiren*[65] *sich bestreben.*
*Nebst obiger Geld-Requisition*[66] *ist nun auch noch eine ungeheure natural Holtzforderung zum Vorshein gekommen. Vermöge derselben muß das Bergische Ländchen nacher Düsseldorf zu herstellung der dasigen, durch den diesjährigen Eisgang ruinirten Festungswerken – an deren Reparation schon ¼tel Jahr hindurch täglich 2400 Mann arbeiten – 2000 Eichenbäume, jeder 31 Fuß lang, und ohne Krümmung, ohne Äste und ohne Knoten, sodann 50 000 Pallisaden*[67]*, 15 000 Fa-*

[62] Expressen = Eilboten.
[63] unter Protest.
[64] Salvo regresso = unter Vorbehalt.
[65] refundiren = zurückgeben.
[66] Geld-Requisition = Geld-Beschlagnahmung.
[67] Pallisade = Schanzpfahl.

*schinen*[68] *und 30 000 Pfähle abliefern. Von dieser Forderung sind dem hiesigen Amt Miselohe 2800 Pallisaden, 645 Faschinen, 1290 Pfähle und 34 Eichenbäume zu Last gefallen. Um diese Forderung zu repartiren, wurde zu 3 Malen das ganze Amt convociret*[69]*, bei den zwei ersteren Zusammenkünften wurde man gar nicht einig; bei der 3ten machte ich den Vorschlag: Man möge zur Ersparung der enormen Transportkosten sich in Ddorf. oder in der Nähe davon, um einen Entrepreneur*[70] *bewerben, der, für einen billigen Preis die Ablieferung des Holzes übernähme, und in diesem Falle, da nehmlich hierdurch die Transportkösten – die sich wohl eben so hoch, als der Wert des Holtzes selbsten belaufen würden – ganz erspart würden, nun auch die zum Spanndienst pflichtigen, zur Zahlung der Hälfte des zu accordirenden Geld-Quanti vermögen. Dieser Vorschlag wurde endlich angenommen, und ich, nebst einem Scheffen als Amtsdeputirte ernannt, und miteins ersucht, denselben bestmöglichst auszuführen. Solchemnach haben wir uns sofort nacher Düsseldorf begeben, und sind auch daselbst mit sicherm Herrn Gilles über die ganze Ablieferung des Holtzes einig geworden, so daß derselbe die Eichbäume, das Stück für 36 Rchtlr., die Pallisaden per Stück 30 Stbr., die Faschinen per 100 zu 8 Rchtlr. und die Pfähle per 100 zu 4½ Rchtlr., frei nach Düsseldorf an Ort und Stelle besorgen muß. Das ganze wird eine Summe von 2719 Rchtlr. ausmachen. Am stärksten werden bei dieser Requisition die Bürriger und Dünfelder Gemarken*[71] *betroffen, deren Antheil sich auf 450 Rtlr. beläuft, wo doch kein Stüber vorrätig ist. Mich als Vorgesetzten trifft nun schon wieder das bittere Loos, für die Zahlung zu sorgen und zu haften; für die hiesigen Landkomthürlichen Büsche wird sich der Anteil auf einige 30 Rtlr. belaufen.*

*Wenn diese und dergleichen Forderungen noch bis zum Ende des Krieges so fort dauern, oder noch gar, allem Anschein nach, sich vermehren werden, so ist's eine glatte Unmöglichkeit das Geld ferner beizuschaffen. Kein Mensch erinnert sich eines so außerordentlichen Geldmangels; und dazu gesellt sich auch noch das Schicksal einer für die hiesigen Lande sehr schlecht ausfallenden Ernte, indem theils durch die lange anhaltende Kälte, theils durch die große Trockenheit, sowohl die Winter- als auch die Sommerfrüchte verdorben sind. Das Elend wird täglich größer, und man sieht noch gar kein Ende davon.*

*Der Wittib des von hier abgegangenen und ohnlängst von dieser Welt abgeschiedenen Schreinern Joseph Haug, hab auf ihr rückständigen Löhnungen abschlägig 8 Rtlr. gezahlt. An denen hiesigen Gebäulichkeiten hab jüngsthin einige kleine Reparationen durch sichern Schreiner Marx und dessen Gesellen hin und wieder verfügen, auch miteins die im verwichenen Winter reparirten Fensterbänke, zu desto*

[68] Faschine = Reisiggeflecht für Befestigungsbauten.
[69] Convociret = zusammengerufen.
[70] Entrepreneur = Unternehmer.
[71] Bürriger- und Dünfelder Gemarken-Gemeindewälder von Bürrig und Schlebusch.

*längerer Dauer, mit Ölfarbe bestreichen lassen, wofür ein Arbeitslohn samt Kostgeöd für 9 Tage, pro Mann 25 Stbr. 7½ Rtlr. zahlt habe. Auch habe jüngsthin durch den Leiendecker die dahiesigen Dächer besteigen und visitiren lassen, wofür ein Arbeitslohn und Kostgeld 2 Rtlr. 51 Stbr. zahlt habe.*

*Dermalen bin im Begriff, die von dem Dorfe Schlebusch in den hiesigen Hausweier führenden Wassergraben, welcher mit Lett[72] und Schlamm ganz überzogen war, auswerfen zu lassen; auch der Hausweier selbst hätte das Auswerfen sehr nötig, allein, dies ist eine für die jetzige Zeiten allzu kostspielige Arbeit.*

*Zufolge der von denen Holzhäuern mir eingehändigten, auch bereits mit 23 Rtlr. von mir abgeführten Rechnung, sind an diesjährigem Schlagholz gefället worden 23 Viertel[73] Holz. Hiervon sind bereits abgeliefert und verkauft worden 16½ Vrtl., sodann zu Behuef der Notdurft in der Landcommende abgeschickt 1½ Vrtl. Nach Abzug dieser 18 Vrtl. restiren also noch 5 Vrtl.*

| | |
|---|---|
| *Die verkauften 16½ Vrtl. machen aus pro Vrtl. zu 15 Rtlr.* . . . . . . . . . . | *247 Rchtlr. 30 Stbr.* |
| *Hierauf sind bereits bezahlt worden* . . . . . . . . . . | *157 „ 30 „* |
| *Mithin restiren noch* | *90 Rchtlr.* |

*die ich hofentlich im nächsten Monats-Statu im Empfang einbringen werde.*

*Gute Neuigkeiten sind dermalen in hiesigen Gegenden sehr rar; man hat sich nur täglich mit Contributionen[74] und Requisitionen[75] herumzuschlagen und ist in bangster Erwartung, daß die Abreise noch schlimmer als die Ankunft sein werde.*

*Zu Düsseldorf ist kürzlich eine stehende Brücke fertig gemacht worden. Sie liegt in 7 Abteilungen in Bereitschaft und kann stündlich über den Rhein geschlagen werden. Auch die fliegende Brücke des Herrn Bertoldi[76] zu Mülheim ist in Requisition gesetzt und von da nacher Hamm bei Düsseldorf geführt worden. Wozu diese Brücken eigentlich dienen sollen, ist noch ein Rätsel.*

*Der Herr Oberjägermeister Freiherr von Trips[77] ist kürzlich, auf einem Stuhle sitzend und eine Pfeife Tabak rauchend, durch einen Schlagfluß gerührt worden und augenblicklich verschieden. Das wird Euer Hochwürden Exzellenz schon bekannt sein; wie es heißt, soll das Forst- und Jagdamt eingezogen und die kurfürstlichen Jagden verpachtet werden.*

*Bei denen Dicasterien in Düsseldorf ist bis herzu noch keine Veränderung vor sich gegangen, man vermuthet auch, daß solche ehender nicht, bis das Schicksal des Gülicher Landes entschieden ist, werde vorgenohmen werden.*

[72] Lett = Tonhaltige Erde.
[73] Viertel = Holzmaß.
[74] Contribution = Kriegssteuer.
[75] Requisition = Gewaltsame Beschlagnahme für Heereszwecke.
[76] Bertoldi war in der Franzosenzeit Maire zu Mülheim am Rhein und Hofkammerrat.
[77] Freiherr von Trips, Oberjägermeister am kurfürstlichen Hof in Düsseldorf.

*Zu Ewer Hochwürden Exzellenz hohen Hulden und Gnaden empfehle ich mich ganz unterthänig, in tiefester Hochverehrung ersterbend*

*Morsbroich, am 3. Juli 1799*

*Ewer Hochwürden Exzellenz*
*Unterthänig treu*
*gehorsamster Diener*
*Linden.*

*Im gleichen Hochgebietend-Gnädiger Herr!*

*Hat vor einigen Tagen der entlassene Jäger Schmitz mich ersucht, mit ihm eine Abrechnung vorzunehmen, und erinnerte dabei, daß ihm von den 2 letzteren Jahren des verlebten Herrn Landkomenthurs annoch eine Galla- und eine tägliche Montour*[79] *zu gut käme. Ich bedeutete ihm, daß über die Verabfolgung sotaner Montouren, oder allenfalls des gewöhnlichen Geldes dafür, zuvorderst Ewer Hochwürden Exzellenz gnädigen Befehl ich unterthänig einholen müsse, Hochwelchen ich mir denn auch hiemit ganz gehorsamst erbitte, damit Herr Rentmeister Dechen, oder ich, mit ihm, Schmitz, lequidiren können.*
*Übrigens dürfte demselben wohl nicht viel mehr in die Hände kommen, weilen das, was er noch zu fordern hat, wirklich mit gerichtlichem Arreste bestrickt ist.*
*Was ansonsten desselben Beschwer wegen des Abschieds betrifft, hat er dies Unheil nur sich selbst und niemand anders zuzuschreiben, indem er nicht nur von Ewer Hochwürden Exzellenz, Herrn Hofrath von Welter, und zum öfteren von mir an seine Schuldigkeit so wohlmeinend erinnert und sogar von seiner eigenen Familie ihm so gute Warnungen gegeben worden sind. Allein! sie wollten nichts fruchten.*
*Zudem ist es bei weitem nicht lobenswert, daß der Schmitz noch immer fortfährt die hiesige Jagd zu durchstreifen. Der Johan selbst hat ihn bereits attrapirt*[80]*, und noch gestern nachmittag hat Schmitz durch einen bei sich habenden Bauern, die sogenannte Scheurmahr – eine der besten retiraden fürs Wildprett*[81] *im hiesigen Revier – sich austreiben lassen, wobei sich noch folgender Vorgang ereignete: In verwichener Nacht wurde zu Mülheim bei sicherm Kaufhändler N. Mole gewalttätig eingebrochen und für einige 1000 Rchtlr. teils seiden, teils wüllen Waren entwendet. Mit diesem Diebstahl hatten die Thäter sich in obbesagte Scheurmahr, die ein dickes und dornigtes Gesträuch ist, versteckt. Nun kommt der Schmitz mit seinem Treiber. Ersterer stellt sich an und Letzterer fängt an, die Sträucher abzutreiben, und da dieser in die Gegend kommt, wo die Diebe verborgen lagen, springen dieselben, drei an der Zahl, auf einmal heraus und laufen weg. Der*

[79] Montur = Dienstkleidung (Uniform).
[80] attrapirt = erwischt, ertappt.
[81] Retirade fürs Wildprett = Geschütztes Gebiet, worin sich das Wild gern zurückzieht.

*Treiber, da er diese drei Kerls vor ihm weglaufen sieht, und auch zugleich 5 große Paquete, die sie im Stich gelassen, erblickte, ruft alsobald einigen, in der Nähe mit pflügen begriffenen Bauern zu. Diese eilten mit ihren Pferden den Flüchtigen nach und haben zwei auf der Stelle eingeholt, die bereits im Arreste sind. Der dritte aber, der sich in hiesigen Tannenbusch geflüchtet, ist echappirt*[82].
*Um indessen auf den Fall, daß der Schmitz sich in hiesigem Jagddistrikte ferner solle betreten lassen, vorbereitet zu sein, erbitte Ewer Hochwürden Exzellenz gnädige Verhaltungsbefehle, ich mir hiermit ganz unterthänig und ersterbe etc.*

*Morsbroich, den 2. April 1800*

*Ew. Hochwürden Exzellenz*
*unterthänig treu gehorsamster*
*Diener*

*Linden.*

*Auch Hochgebietend-Gnädiger Herr!*

*Ist der Herr Primihsarius zu Schlebusch*[83], *N. Brinkmann, schon eine geraume Zeit her in so mislichen Gesundheits-Umständen, daß an desselben Aufkommen sehr zu zweifeln wohl aber zu erwarten ist, daß derselbe binnen Kurtzem das Zeitliche verlassen werde.*
*Der Herr Pastor hiesiger Pfarr, fort Scheffen und Vorsteher zu Schlebusch haben mir von ihnen sämtlichen unterschriebene und zur Gnädigen Einsicht gehorsamst hieranliegende unterthänigste Vorstellung des Ends zugestellet, um solche an Ewer Hochwürden Exzellenz mit der Bitte gelangen zu lassen, daß darauf im Erledigungsfalle des erwehnten Primissariats doch gnädige Rücksicht genohmen werden möge.*
*Meines geringen Erachtens, finde ich das unterthänige Gesuch deren Supplikanten*[84], *der Lage der Sache nicht unangemessen und um so gerechter, als dasselbe nur das ewige Wohl und Heil einer ganzen Gemeinde bezielet. Bekenntlich ist das Dorf Schlebuschrath – woselbst der Pfarrer, sowie auch der Schullehrer wohnhaft sind – von dem Hauptorte Schlebusch eine halbe Stunde weit entfernt. Daher geschieht es, besonders bei plötzlichen Überfällen, nicht selten, daß, ehebevor einmal der Seelsorger bei dem Patienten erscheinen kann, derselbe schon ohne Empfang deren h. H. Sakramenten hingeschieden ist, und, Was die Unterweisung der Jugend betrifft, kann solche wegen Entfernung des Lehrers auch nicht wohl stattfinden. Zu wünschen wäre es mithin, daß ein zeitlicher Primissarius zu Schlebusch nicht nur dasselbst residiren, sondern auch mit Ausübung der Seelsorge und Schulehalten sich beschäftigen thäte.*

[82] echappirt = entwichen.
[83] Primissarius = rangältester Pfarrer
[84] Supplikanten = Bittsteller.

*Auf den Erledigungsfall des erwähnten Primissariats hat sich ein junger Geistlicher aus hiesiger Nachbarschaft, N. Krein, bei mir gemeldet, mit dem Ersuchen: bei Ewer Hochwürden Exzellenz denselben unterthänig in Vorschlag zu bringen und mit eins zur Erprobung seiner Conduite*[85] *das gehorsamst beigebogene Testamonium*[86] *an Hochdieselben unterthänigst gelangen zu lassen.*
*Im Falle einer gnädigen Willfahrung und eventuellen Begnädigung mit der Collation*[87] *des mehrerwehnten Primissariats wird der demütige Supplikant sich sowohl zu Ausübung der Seelsorge als zum Schulhalten anheischig machen und darüber unterthänig reversiren.*
*Ewer Hochwürden Exzellenz gnädigen Verfügung unterwerfe ich mich inmittels in ein- als anderem Punkte ganz unterthänig und ersterbe Ehrfurchtsvoll*

*Morsbroich am 11. 8bre 1800*

*Ewer Hochwürden Exzellenz*
*unterthänig treu gehorsamster Diener*
*Linden.*

*Hochwürdig-Hochwohlgeborener Reichsfreiherr,*
*Insondere Hochzuverehrendester Herr Landkomthur,*
*Hochgebietend-Gnädiger Herr!*

*Ewer Hochwürden Exzellenz Hochverehrliches vom 20. Dezbr. abhin, hatte ich die Gnade, richtig zu erhalten und darab zu entnehmen, daß Hochdenenselben mein gehorsamster Bericht vom 10. Oktbr. v. J. zu hohen Händen überkommen sei.*
*Hochdenenselben hab ich sohin nun auch die Monath Status Oktober, November und Dezember zur gnädigen Einsichte unterthänig presentiren und ferneren gehorsamsten Bericht schuldigst erstatten sollen.*
*Durch den so allgemein als heftigen außerordentlichen Windsturm vom 9. Nobr. v. J. haben sowohl Hochdero hiesigen Gebäude als Büschen ziemlich gelitten. Der Sturm war zuweilen so stark, daß zu verschiedenen Malen das Herrschaftliche Haus in Erschütterung gerieth. Stundenlang habe ich mit den übrigen Leuten dahier die vorderen Fenstern, weilen die Riegeln an denselben der Force*[88] *des Windes nicht wiederstehen konnten, fest und zuhalten müssen, damit sie nicht zusammenstürzten.*
*Am Herrschaftshause ist übrigens der Schaden noch unbeträchtlich; nur einige 20 Fensterscheiben samt dem höltzernen Blei sind zerstückert, sodann einige Leien vom Dach samt dem Blei abgeworfen worden. Dagegen haben die auf denen*

[85] Conduite = Benehmen.
[86] Testamonium = Zeugnis.
[87] Collation = Ernennung.
[88] Force = Stärke.

*Fasanenhäusern sich befindlichen Volieres wegen zerschmetterten Glasscheiben und heruntergeschmissenen Leien ziemlich gelitten. Am beträchtlichsten ist der an den Nebengebäuden, besonders an der Scheuer und auf der Hubertusburg, durch das abwerfen deren Pfannen, die ich auf die 6000 Stück rechne, verursachte Schaden. Und gleichwie in hiesiger ganzen Gegend keine Pfannen mehr zu haben waren, auch wehrend dem Winter keine neuen gebacken werden können, so hat man sich genötigt gesehen, die Lücken einsweilen mit Strohe decken zu lassen. Auch sind von Hochdero Behausung zu Schlebuschrath einige Leien und von den Nebengehüchtern etwelche Pfannen abgeworfen worden, die man durch die daselbst noch vorrätig gewesenen alten Pfannen ersetzt hat. Dann ist ferner daselbst ein glasernes Fenster zur Hälfte, nebst der hölzernen Lade, eingestürzt; sodann die im Vorhof befindliche Mauer, welche durch den Umsturz eines nechst dabei gestandenen Baumes eine große Lücke erhielt, auch größtenteils durch den anhaltenden Sturmwind niedergelegt worden.*

*Deren in Ewer Hochwürden Exzellenz Büschen eingefallenen Eichbäumen sind an der Zahl 21 Stück, durchgehends noch gar junges Holz von ½ bis ¾ und 1 Schuh im Umfange. Nur 2 Eichen von circa 2schuhiger Dicke befinden sich darunter, wovon die eine jedoch durchaus faul, die andere aber ein gesundes Stück Holz ist, welches ich zu Brettern für Hochdero eigene Consumption*[89] *bestimmt habe.*

*Sämtliches Obergehölz von diesen Eichen habe ich abmachen und zum Winterbrand anhero führen lassen.*

*An Weidenbäumen sind ausgeworfen 19 Stück, welche an Dicke meistens 1½ und 7/4tel Schuh haben. Von diesen Bäumen wären, meines unterthänigen Erachtens, ebenfalls einige für künftige Bedürfnisse aufzubewahren, und zu Brettern schneiden zu lassen.*

*An Kiefern Tannen sind 29 Stück und 3 Fichtenbäume umgeschmissen worden, wovon die mehrsten, außer den Fichten, in der Mitte abgebrochen. Diese, sowie auch ein paar Weiden und einige Eichen habe ich bereits, Ausweis des Monats-Status Novbr., verkäuflich angebracht. Der größte Schade, welcher an den Tannen verursacht worden, besteht darin, daß jene jungen Kiefern oder Forben – so vor etwa 12 ad 13 Jahren in den sogenannten Boichholz-Busche in Linien gepflanzt worden – großenteils durch den Windsturm niedergebogen worden sind, und nun wiederum aufgerichtet und festgestampft werden müssen, woran jetzt schon bis in die 6. Woche hinein mit 4 Tagelöhnern gearbeitet wird.*

*Die Windschläge in denen Bürrig- und Dünfelder Gemarken Büschen bestehen in 14 Eichenstämmen, deren 8 mit den Wurzeln ausgeworfen, sohin noch ganze Blöcher waren, die übrigen 6 aber zerstückert und folglich nur zu Brandholz dienlich waren. Diese 6 letzteren hat man nach altem Herkommen, theils denen*

[89] Consumption = Verbrauch.

*Försteren, teils den nothleidenden armen Nachbaren zukommen lassen. Von esteren 8 aber sind bereits 6 zum Nutzen der Gemarkenschaft, und zwar zu Bestreitung vorhandener Kriegsbedürfnisse, versilbert worden, und die beiden übrigen liegen zu nämlichen Behuefe annoch vorrätig.*

*Die Holz- und sonstige Forderungen aus dem Requisitions-Departement*[90] *zu Düsseldorf sind schier unaufhörlich. Kaum sind die im verwichenen Sommer requirirten 50 000 Faschinen und eben so viele Pfähle herbeigeschafft, so sind schon wieder frischerdings 50 000 Faschinen und so viele Pfähle ins hiesige Ländgen ausgeschrieben worden.*

*Größtenteils fallen zwar immer derlei Holz-Requisitionen den Gemarken-Büschen zu last, doch aber bleiben auch die privat Büsche dabei nicht ungeschont. Der Anteil von sotanen 50 000 Faschinen und Pfählen beläuft sich für die hiesigen zwei Gemarken-Büsche zu 552 Stück – sodann für die privat Büsche des Kirspels Schlebusch zu 183 Stück von jeder Sorte. Um die enormen Transport-Kösten von hieraus nacher Düsseldorf – die sich höher als das Holz selbst belaufen – zu ersparen, hab ich von einem Lieferanten bei Ddorff den Bemelten Anteil, und zwar pro 1000 Faschinen zu 75 und 1000 Pfähle zu 20 Rchtlr. erhandelt. Dieser muß nun solche an Ort und Stelle behörig abliefern und erhält sodann bei Aushändigung richtiger Ablieferungs-Scheine auch seine richtige Bezahlung.*

*Ewer Hochwürden Exzellenz erlauben gnädig, daß Hochdenenselben ich bei gegenwärtigem Jahreswechsel mein unterthänig gehorsamstes Compliment dahin ablege, daß der Allwaltende Hochdieselben noch eine unzählige Reihe glücklicher Jahren in bestem Wohlsein und im lieben Frieden zum Trost sämtlicher Hochdero Untergebenen gütigst wolle zurücklegen lassen.*

*Der zu hohen Gnaden mich unterthänig empfehlend, in tiefester Hochverehrung ersterbe.*

*Ewer Hochwürden Exzellenz*

*Morsbroich, am 3ten Jenner 1801*

*unterthänig treu gehorsamster Diener*

*Linden.*

[90] Requisitions-Department = Beschlagnahmungs-Behörde.

## III. Die Wasserburg Ophoven bei Opladen

Opladen war, wie urkundliche Belege bezeugen, schon im 15. Jahrhundert Sitz des bergischen Rittergerichtes. Ob der Ort wohl deshalb als Gerichtsstätte gewählt wurde, weil er sowohl für die Ritterbürtigen des Landes nördlich der Wupper als auch für die aus dem südlich von ihr gelegenen Bereich bequem und schnell zu erreichen war? Bestimmt wird auch die Verkehrslage des Dorfes an der alten Handelsstraße Köln–Arnheim dazu beigetragen haben, wie auch die Tatsache mitbestimmend gewesen sein mag, daß dem Landesherrn als oberstem Richter in der Nähe gelegene Güter gehörten. Einer dieser landesherrlichen Höfe muß auch Ophoven im Wiembachtal gewesen sein. Jakob von Ophoven war im 13. Jahrhundert Truchseß am Hofe der Grafen von Berg. Daß sein Sohn, Engelbert, der 1288 in einer Urkunde seines Herrn mitsiegelte, spricht auch für das Vertrauen, das er am Hofe genoß.

Ophoven als bergisches Lehen wird ihnen vermutlich von ihren Dienstherren mit dem Recht übertragen worden sein, den Herrnhof zu einem befestigten Platz auszubauen und zu befestigen. So entstand die Wasserburg Ophoven. Bis ins 15. Jahrhundert blieb sie ein Lehen der bergischen Fürsten. Das bestätigt:

### 1. Ein Lehnbrief von 1439*

*Wir, Gerhardt[1] von Gottes Gnaden, Herzog zu Gülich und zu dem Berg, graven zu Ravensberg, thun kundt und bekennen offentlich mit diesem brief vor uns, unsere Frauen und Nachkommlinge, dat wir angesehen und bedacht haven treudenkliche Diensten und Willen als uns Dietherich von Bourscheidt[2], zur Zeit uns ambtmann zu dem Newenberg und in unser vester bahn Steinbach und lieve Rhat und getrewe, in Vorzeiten gethan hat und forthan noch denckliche und getrewlicher thun mag, demselben verschrieben Dietrich und seiner Frauen*

* Staatsbibliothek München: Cgm 2213/XIII, Seite 210b.

[1] Herzog Gerhard II. 1437–1475.

[2] Dietrich von Bourscheid (Eifel): Amtmann zu Windeck, Erbhofmeister von Jülich und Bergischer Rat, lebte im 15. Jahrhundert, Schwiegervater Bertrams v. Nesselrode.

*darumb von unser sonderlichen gunsten zu rechten Erblehen gegeven haben und geben und Kraft dieses Briefs unsen Hof und Gut zu Uphoven, wie derßelbe vorgen. Hoff, und Gut mit seinem getimmer*[3], *hove, Velde, acker, Wießen, Weiden, Holzbüschen, Weyern, Fischereien auf der Wupper, mullen mit dem gemahl darzu und eingehorende, und Mullenpacht, als man von der Mullen zu Lützenkirchen*[4] *darin geldende als gulden, Rhenten, Zinsen, pfachten und vort allen anderen seinen Zu und eingehorende in naßen und druggen, lengten, weiten, breiten und diepen nit davon außgeschieden, gelegen ist, in alle dermaßen unsere alderen und Vorfahren dat da gehat, und von den up uns ist gekomen, so hat der vorgen. Dietherich und seine Erben den Hof, Erve und Gut mit allen seinen Zu und eingehoren, als* [vorher] *stehet, erblich und unberme haven und behalten, und zu Ihrem nutzen und besten gebrauchen sollen und mögen, und unser, Unser Erven und Nachkomlingen man und getrewen so davon sein und bleiben und dat zu Erblehen vor uns haven, halten, empfangen und tragen sollen, so als sich dat gebuhrt, sonder arglist und bei welchem vorgen. Hoff, Erve und Gut vor unße Erven und nachkomlingen den vorgen. Diethrich und seine Erven auch getrewlich und gentzlich laßen handthaven und behalten wollen und sollen, sonder iehts anders darwidder und ent gain zu doin uff zu geschehen laßen, bei uns selffs off niemandt anders von Unser wegen in einiger weiß, doch mit behaltnuße und außgeschieden solche 20 malder Roggen, als von unßen alderen und Vorfahren aus dem vorgen. Hoff, Gut und Mullen zu uphoven zu den Dünewaldt*[5] *gewißt und gegeven seindt, die alle jahr erfflich darauß zu geven in maßen, als die dan dar geweißt und gegeven seindt, hie Jhenen, außgescheiden, alle geferde und arglist, und dies in Zeugnuß der Wahrheit und gantzer vaster stetigkeit, so hant wir Hertzog daß unse Insiegel für uns unße Erven und nachkommlingen zu einen wahren Urkundt ahn dießen brieven thun hangen, und haben vort geheischen und befohlen unße lieve Rhät und getrewen Herrn Wilhelm von Neßelrath*[6], *Ritter und Johannen Quaden*[7] *wans Uns dieße unße gyfft und sachen kundig seindt, dat sie darvon deß zu mehrer Kundtschaft und gezeugnuße der Wahrheit ihr Sigle bei dat Unße ahn dißen Brieven gehangen haindt dat wir, Wilhelm von Neßelrath, Ritter und Johan Quadt so bekennen und gerne gethan hant vor geheisch und befehl uns gnedigen, lieven Herrn deß Hertzogs.*
*Gegeven in den iahren Unßes Herrn do man schrieft 1439.*

[3] Getimmer = Gebäude.
[4] Lehnermühle bei Lützenkirchen/Opladen im Wiembachtal.
[5] 20 Malter Roggen mußten jährlich aus Erträgen von Ophoven ins Kloster Dünnwald geliefert werden.
[6] Wilhelm von Nesselrath = Ritter, Herr zu Stein, Amtmann zu Windeck und 1435 Bergischer Rat.
[7] Johann Quaden – besaß vermutlich den Quadenhof (Friedeberger-Hof) in Opladen.

## 2. Das Erbe des Gotthard von Hall

Um die Mitte des 15. Jahrhunderts scheint das Geschlecht derer von Hall das Haus Ophoven erworben zu haben.

Zwei Urkunden im Mirbach-Harffschen Archiv weisen darauf hin. Das ist einmal ein Contrakt, der zwischen Lutter Quadt, Aleff von Hall und Degenhardt von Hassel im Jahre 1456 geschlossen wurde; und zum anderen eine Urkunde von 1467, worin steht, daß Wilhelm von Eller den Mardershof zu Opladen[8] Alef von Hall und seiner Gattin, Anna geborene Quadt, überläßt.

Die von Hall bewohnten damals das Burghaus Ophoven, wozu außer den Höfen Uphoven und Nieder-Uphoven auch zwei Mühlenanlagen – eine Korn- und eine Öl- und Walkmühle –, 300 Morgen Ackerland, Eichengewächs und 25 Holzgewelden in der Opladener und Bürriger Mark gehörten. Was mag die Burgbesitzer veranlaßt haben, am Peter- und Paulstage 1470 von der Witwe des Ailffs von der Burch 2000 rheinische Gulden gegen eine Erbrente von 110 Mltr. Haber aufzunehmen, dafür fast ihren gesamten Besitz zu verpfänden[9]? Dieses Pergament besiegeln mit dem Lehnsherrn, Herzog von Berg, Ailff von Hall und zwei Opladener Scheffen. Für letztere hängt der damalige Amtmann von Miseloe, Daym (Adam von Schlebusch), der vermutlich in Rötzinghoven bei Burscheid wohnte, sein Siegel an die Urkunde. Dietrich von Hall, der Sohn Adolfs, verheiratet mit Maria von Horrig, übernahm als Erbe Ophoven und Strauweiler. Er teilte den Besitz unter seine beiden Söhne: Dietrich fiel Ophoven zu, und Adam von Hall erbte Strauweiler. Aus der Ehe Dietrichs mit Anna von der Recke ging ein Sohn hervor, der auch, wie seine Ahnen, Diederich hieß. Daß er 1562 auf dem Wahltage in Frankfurt war, und der Landesherr ihm die Amtmannsstelle in Monheim übertrug, spricht für sein Ansehen und seinen Einfluß im Kreise der bergischen Räte. Er erlebte in den achtziger Jahren des 16. Jahrhunderts mit seiner Gattin, Margaretha von Wilach, die Schrekkenszeit des Truchseßischen Krieges und die Einfälle der Spanier ins Bergische.

In dieser Zeit zog sich der Monheimer Amtmann wohl mit seiner Familie, wenn es die Not gebot, auf sein Anwesen nach Köln zurück. Hier besaß er ein Haus »auf dem Hunsrücken«, das Hallen-Haus genannt. Urkunden sagen aus, daß Dietrich, wie auch seine Kinder, hier wertvolles Familiengut in Sicherheit brachten[10].

[8] Archiv Mirbach-Harff: Ophoven I/1.
[9] Siehe Anm. 8.
[10] Archiv Mirbach-Harff: Ophoven I/6.

Nach Fahne sind 4 Kinder, 2 Söhne und 2 Töchter: Gotthard, Anna, Elisabeth und Dietrich, aus der Ehe Dietrichs von Hall mit Margarthe von Willach hervorgegangen. Dietrich, der jüngste Sohn, soll in die Affäre der Jacobea von Baden verwickelt gewesen sein. Seine Schwester Anna war die Vermählte Friedrichs von Lülsdorf[11], und Elisabeth heiratete Caspar von Elverfeld[12]. Gotthard von Hall erbte Ophoven bei Opladen und das Kölner Haus.
Als Türschließer und Junker tat er Dienst am Hof in Düsseldorf. Er bewarb sich um die Amtmannstelle in Beyenburg; als sie durch einen anderen Adeligen besetzt wurde, versprach ihm Herzogin Jakobea die nächste freiwerdende Stelle dieser Art im Fürstentum Berg[13]. Verheiratet war Gotthard mit Veronica von Koppenstein.
1606 starb er, vier unmündige Kinder zurücklassend. Friedrich von Lülsdorf und Caspar von Elverfeld übernahmen die Vormundschaft.
Über das Erbe Gotthards erfahren wir näheres aus dem

*Verzeichnis*
*der Gereidengueter, so sich Anno 1607 nach absterben*
*Godtharten von Hall uff dem Hauß Uphouen befonden.*

*In Gottes Nahmen Amen.*

*Kundt und zuwißen Sey Aller und Jedermenniglich den gegenwürdigh Inventarium vorkompt, daselb sehen, hören oder selbst lesen werden, daß ihn den Jahren unsers Lieben Herrn und Säligbmachers Jesu Christi gepaurth Thausend Sechshondert und sieben ihn der fünften Indiction, genannt Romerzinßzahl*[15] *bey Zeithen oder der Regierung des Allerdurchleuchtigsten großmechtigsten und unüberwindtlichsten Fürsten und Herrn, Herrn Rudolphi des anderen, von Gottes gnaden erweltter Romischer Kayser, zu allen Zeitten meherer des Reichs in Germanien zu Hungaren, Bohaimb, Dolmatien, Kroatien und Schlavenien, Konninges Ertzherzog zu Oestrich, Herzogts zu Burgundien, Steyr, Kerndten, Crain und Druwenburgh, Graven zu Tyroll, so unseres allergnedigsten Herren, Ihrer Maystt. Reiche des*

[11] Schloß Lülsdorf lag rechtsrheinisch zwischen Köln und Bonn. Heinrich von Lülsdorf, Besitzer von Haus Haen bei Dunnwald. Nahm 1585 an der Jülichschen Hochzeit teil, 1592 Befehlshaber der bergischen Reiterei.

[12] Caspar von Elverfeld gehörte die Isenburg bei Holweide am Strunderbach, Kr. Mülheim/Rhein. Amtmann zu Wetter a. d. Ruhr. Erbte mit seiner Frau Elisabeth von Hall (Schwester des Gotthard v. Hall) Haus Morsbroich, das er an den Deutschen Orden verkaufte. † 1632, begraben im Kloster Königsdorf. (Siehe auch Archiv Mirbach-Harff: Ophoven I/4.)

[13] u. [14] Archiv Mirbach-Harff: Ophoven I/4.

[15] Indiction = eine der häufigsten Jahresbezeichnungen des Mittelalters. Indiction Romana wechselte mit dem 25. Dezember oder 1. Januar.

*Romichen und Boheimichen im dreyunddreisigsten und des Hungarischen im fünfunddreißigsten Jahre uff Mondagh, den dritten Monatz Tagh Decembris vor mir Notario und Zeugen Nachbenent Pershoinlich erschienen ist der Edler Gestrenger und Ehrenvester Heinrich von Lülstorff zum Hain*[16], *Fürstligter Bergischer bestelter Ritmeister und hatt in beisein und gegenwurtt der Achttpair vorsichtig und weiser Johan v. Nesserodt, Dinger des Ampts Mysenloe, Derich ihm Hoff und Wilhelmen Schmidt, Scheffen des Gerichts Lützenkirchen und Schlebusch, mündtlich erzahltens vorgetragen, waß maeßen weylandt Godtfridt von Hall, Seiner freundtlicher lieber Schwager, Säligens andenkens, ahm Achttzehenden Monatz Marty ihn Gott entschlafen, und drey Minderjahriger Kinder : Anna Margaretha, Hanß Degenhardt und Hanß Jacob nachgelaßen, worüber* [er] *auß Obrigkeitt-Zwangh bey Fürstlicher Cantzeley formalieter zum Vormunder angestelt, und der auch Edler und Ehrenvester Caspar von Erverfelde*[17] *zur Ißenburgh alß gedachter minderjahriger Öhm auß verwandtlicher affection*[18] *zum zweyten Vormunder zugelaßen und einer L. freundtwilliges adiungirt*[19]. *Und weill dann auß Recht- und Fürstlicher Ordnung sich Ihre Ed. L. erinnert, daß zu Anfangk alsolcher Administration Curatory Ledade Inventarium*[20] *aller Gereyden und Erb und Gueder, so den Minderjährigen zuständig uffzunehmen ihnnen Noetig sein wolle. Alß haben Vorgemelte ihre Ed. L. gedachte Dinger, Scheffen und Gerichtsschreiber requirirt Cräft Fürstlicher Ordtnung solches Ihn gebeur zu beschreiben und nach Verrichtung davon Instrumentum und Urkundt mitzutheilen. Zuvorderts aber wollen ihro Ed. L. Herren Curatoren sich vor unß hiermit und ihnn Craft dieses bester und bestendigster form Rechtens alß solches geschehen soll . . . protestirt und bezeugt habend, daß sie auß Zwangk und respective nöthwendigkeit herzu Inlaeßen und gehelen muißenn, wollenn aber sich austrücklich erboten haben, ferner oder weiter ihnn dieße Curaetorschaft und deren Administration sich Inzuhlaeßen Alß Vires Inuentary erstrecken werden, und mit solchem bedingk haben si anfang die uffgehangene Schloßer deß Hauß Uphouen eroffenen und anfangk deß Inventary nehmen laeßenn.*

*Und demnach vorgedachter dieses orths ordentlicher Dinger Solcher Inventarisation biß zum ende anderer aufliggender geschaft halber pershoinlich nit abwarten und beywohnen können, alß beim ex officio*[21] *mitzuthuen und ihme beywesen der achtparen Dietrich ihm Hoiff und Wilhelmen Schmidt zu Upladen, Scheffen zu Schlebusch und Lützenkirchen und Adolpf Flandrian, Gerichtsschreiber, darzu*

[16] Siehe Anm. 11.
[17] Siehe Anm. 12.
[18] affection = Zuneigung.
[19] adiungirt = hinzufügen.
[20] Administration Curatory Ledade Inventarium = Inventar-Aufnahme-Commission.
[21] Ex officio = von Amtswegen.

*verordnet und von gedachtem Herren Dinger, Johannen Neßelradt, neben gedachten Scheffen ihres Eydts getreuwen fleiß und verschwiegenheidt erinnert, und haben also mit handtastung beygethanen Eydt nachzusetzen gelobt und versprochen.*

*Darauf gedachter Lülstorf uns obgemelte Scheffen und Gerichtsschreiber die Schlußelen von hauß Uphoven durch Dahmen Scheifer, ad vierzehenn stück, lieberenn laeßen und dabey bevohlen, daß ehr Dahm unnd Wilhelm ihm Ropertzhoiff*[22] *zugegen morgen den vierten Decembris mit Ins hauß unnd alle gemacher gehen und Anweißung thun sollen, damit alles der gebeur inventarisirt und mit fleiß uffgeschriben werdenn muege.*

*Demnach haben wir vurgen. Scheffen und Gerichtsschreiber uns ahm Deinstag, dem veirten Decembris dahin gegen Uphoven den morgen zu acht uhrenn verfügt, daß hauß ihn beysein obgen. Dahmen und Wilhelmens eroffnet und durch sie anweisung thun laißen und Irstlich uff der*

1. *Junferenkammer*[23] *oben der alter Küchen ein betstadt sonder boden befonden. Danegst bey uff der*
2. *Alter Kuchenkammer*[24] *ein gegiffelte Kiste*[25] *und dairinn veir pahr fleßen schloiflackenn, dreizehen grober schlaiflacken, sieben henghduchelger, siebenzehen grober Servietten, Zwantzig schoner fleßen Servietten, so alt und New. Dreutzehen Küßzegen, Drey Junfernhembder, ein alt Manshembde. Item Zwey fleßen Spreidsdocher, ein mit Roedenn Seiden umbstickt, das ander mit ausgestechenn spelterwerk*[25a] *gemacht. Item funf grober gebilter Dischducher. Item acht schoner gebilter dischducher, Zwey stücker lachen, ein brandtrichte*[26]*, bey drei bürden unaufgemachtes flaß*[27].
3. *Item obenn dem Sahell uff der Doirkammer*[28] *Ein Bettstatt mit einem Renner*[29] *mit vier gardeinen*[30] *und zwey Bedten und drei pullen*[31]*. Uff dem Renner ein alt Bet mit drey pullen. Item veir Küßen. Item Zwa gueder unnd*

[22] Roperts- oder Robertshof lag östlich des Dorfes Opladen in Höhe Rulach Haus Ophoven.
[23] 1. Raum: Jungfernkammer.
[24] 2. Raum: Kammer neben oder über der Küche.
[25] Gegiffelte Kiste = Truhe mit Giebel gekrönt.
[25a] Darin enthalten: feine und grobe Schlaflaken, Handtüchelchen, Kissenbezüge, Überlaken mit roter Seide umstickt, auch solche mit Spelterwerk (Durchbruchspitze), Tischtücher aus Damast, einfache Laken.
[26] Brandrichten = Feuerböcke zum Auflegen von Holz im Kamin.
[27] Drei Bündel Flachs.
[28] 3. Raum: Kammer über dem Saal auf dem Tor.
[29] Renner = Behelfsbett, als Kinderbett und bei besonderen Gelegenheiten zu gebrauchen.
[30] Vier gardeinen = Vorhänge für die Bettstatt.
[31] Pullen = Unterkissen.

*ein alt Kursche*[32]. *Item veir gueder unnd veir alter schartzen*[33]. *Item ein grouen Engelß*[34], *ein groin treipenn*[35] *unnd ein roith treipen Dischdoiche. Item Juncker Godthardts Nachtsrock brungh wüllen mit füßen gefodert*[36]. *Item Junffer Leißbeden underröckelgen Esch farbenn Coloir. Item deß Saligen Amptmans Hallenn mit wollefsfoder gefoderten Manthell, davonn daß beußerste schwartz seiden stöff. Item ein alte Junffernmentelgen vonn groiffgrün*[37] *mit fueßen gefodert.*

*Item drey gelauthe fueßbelge*[38]. *Item der Seligs Junffern Rock vonn groiffgreinen mit fueßen gefodert. Item ein alt Junffern Leiffgen und zwa Mawen von seiden tafft gewirket. Item ein alt zerißen voder vonn voißfellen. Item der Junffern selig Schwartzen flauweilenn*[39] *Rock. Item ein Junffern Engelß schürtzell oder voirdoich. Item einen alten Junfferen ungefoderten Engelschenn Rock. Item ein flauweilenn gebloimbt schwartz schürtzell. Item ein alte Junffern Engelß Leifgen. Item einen groifgreinen schürtzell*[40]. *Item ein brucks*[41] *ungefoderten Junfferen Rock. Item ein alt Paß(f) ken*[42] *von Stoff. Item ein groifgrienen foder under einem Mantel gewest. Item einen dubdelen Mantell von seidenstoff*[43] *und vor mit flaweilen Umbschlag. Item einen Junfferen van seidenstoff geschneden und mit leinendoich uff drey deill zusammen geriegenen unreidt gemachten Rock*[44]. *Item zwey junfferen weißseiden Leiffger*[45], *deren ein mit gulden korden übersatzt.*

*Item ein weiße seiden Paßkein*[46] *mit gulden Corden übersatzt. Item einen gebloimten flaweilen Junffern Rock mit Leinendoich gefodert, schwartz.*

*Item weilandt Junckherr Godthartz schwartz seiden Mantell mit Rodem scheinendem seiden Stoiff gefodert, Item ein schwartze flaweilen Butze*[47] *mit weißem Leiderdoch gefodert,*

[32] Kursche = Pelzdecke.
[33] Schartze = wollene Bettdecke.
[34] Grobes englisches Tuch.
[35] Grünes und rotes Tischtuch, samtartiges Zeug mit gerauhter Oberfläche.
[36] Brauner Schlafrock mit Fuchsfell gefüttert.
[37] Jungfernmäntelchen von »groiffgrün« mit Fuchsfell gefüttert (Groiffgrün = Stoff aus Seide oder Halbseide grob und rauh; Kette aus doppeltgezwirntem Garn).
[38] Gelauchte (gegerbte?) Fuchsbälge.
[39] Flauweilenn Rock = Samtrock.
[40] Seidenschürze, siehe Anm. 37.
[41] Brucks = Hose.
[42] Bäffgen
[43] Doppelter Mantel aus Seide mit Samtumschlag oder Auflage.
[44] Dreiteiliger, seidener, mit Leinen unterlegter Rock.
[45] Leibchen aus weißer Seide, davon eins mit goldener Kordel besetzt.
[46] Bäffgen mit Goldkordel.
[47] Schwarze Samthose.

*Noch ein flaweilen Butze mit schwartzem Lein und vonn demselben stoiff ein wommbusch*[48] *mit weißem bargem*[49] *gefodert Treißhors Doiche*[50] *mit einer Leinen Doichs uffstahender taiffelen*[51], *Darauf der Hr. Christus mit St. Marien gemahlet stehend,*

*Item zwa Brandsrichten und ein Dennentisch uff schragen*[52] *mit einem Lennenmans Seßell*[53],

*Item ein Knevelstaiff*[54], *ein gefellgen*[55] *und ein tredtkauß*[56],

*Item noch ein schwartze flaweilen Butze, davon der Hindertheill deß flaweilß abgeschnitten,*

*Item eine grahe Coloren Butze,*

*Item ein Eschgra Baumer senis Wammes*[57],

*Item ein Eschgra Coloren Mantelgen,*

*Item eine alt spanische Butze,*

*Item ein Par alter Underhoßen brung, und ein par schwartze Hoßen,*

*Item einen groiffgruinen Mauffen*[58] *mit Foißfellen gefodert,*

*Item ein von Stoff foder under einen Mantell gewest,*

*Item einen roden bonten Vorhangk von einer gardeinen ungefehr achtt Ellen langk und ein feirdell breidt,*

*Item ein flawelen Mütze und einen gräfen Hoidt mit Ottersfell und rodem Baw gefodert*[59],

*Item ungefehr ein veiretll Pfd. Bawoll*[60],

*Item ein alt lederen Waitsack*[61],

*Item ein Paar newer Stiffelen mit ein Paar Sporrenn,*

[48] Wambusch, Wams oder Wambis = Enganliegender Rock als Teil der Männerkleidung. Ursprünglich unter der Rüstung liegend gegen Panzerdruck. Bei Bürgerkleidung über der Wäsche getragen; seiner Enge wegen mußte er geknöpft werden.

[49] Barchent = gerauhtes Gewebe, als Futter dienend.

[50] Treißhor, Tresor oder Tritsor = Truhenartiger Stollenschrank. Vorderwand mit Türen versehen. Als Läufer wurde ein »treißortuch«, die Tresortwele, darüber gelegt.

[51] Uffstahendes taiffelen = Mit Leinen bezogenes Täfelchen mit den Bildern von Christus und Maria.

[52] Schragen = Holzgestell aus gekreuzten Stäben, die Tischplatte tragend.

[53] Lennemans Sessel = Lehnsessel.

[54] Knevelstaiff = Stock mit Knopf oder Knebel.

[55] Gefellgen = Aus Fell genähte Rückentasche?

[56] Tredtkauß = Schritt = Strumpf?

[57] Eschgrau Baumer senis Wammes = aschegraues Baumwollwams.

[58] Mauff = Muff, Handwärmer mit Fuchsfell gefüttert.

[59] Gräfen Hut = Kopfbedeckung von Personen höheren Standes getragen.

[60] Baumwolle

[61] Jagdtasche

*Item ein Vurroder und ein Schwammroder*[62],
*Item ein kurtt Vorroder oder Poffert*[63],
*Item drey langer wehr*[64],
*Item ein Krumb Zabell und ein kurtte seidtwehr*[65],
*Item ein schlüßig Trißhor, so eroffenet und nit darinn fonden mit einem Leinen gebilten ... Treißhors Doiche*[66].

4. *Item hernegst uff der Fuhrkammer*[67] *ein betstadt mit einem renner, doch ohn Böidem mit einem alten Bedtgenn, Pulgen und einer alten zerrißenen Kurstchen befonden. Item ein schlegtt loß tritzschor mit einer Leinen taffelen vom verloren sohn uffstahendt*[68],

5. *Item uff der Kuchenkammer*[69] *ein bedtstadt mit veir gardeinen, ein Renner, ein Bedt mit einem pulchen und einem Küßen,*
*Item ein Zubedtstetgen*[70] *und ein trißchor mit einer uffstehender altfrenschen taffelen und trißhors Doiche. Item noch ein taffell mit einem schlüßigen Kistgen, darauf ein Leinen trißhors Doich und ein alt Lennenstoil, ein uff Leinendoich gemahlte Taffell vom Richenman und dem Armen Lazaro und ein klein Taffelgen darauf ein schwartz Hundt gemahlet*[71].
*Folgens uff mittwoch den fünften decembris uff der*

6. *Stoiffenkammer*[72] *ein Bedtstadt mit einem Renner unnd funff schöner Leinengardeinen und mit frantzen besetzt,*
*Item ein Trißhor mit zweyher Dürer, der ein zerbrochen mit einer bunter uff Leinendoich gedruckter Zwelenn*[73], *und ein alt uff Leinendoich gemahlt Taffelgenn, zwa Sthabellen*[74],
*Item ein verschloßen Kiste mit einem buntem uffgedruckten Leinen überdeckten Doich mit frantzen umbsatz. Item Zwa kleiner Brandtrichten.*

[62] Vurroder und Schwammlader = Gewehre als Vorderlader oder mit Schwammzündung.
[63] Poffert = Pistole.
[64] Langer Wehr = Wurf- und Stoßwaffe?
[65] Krummer Säbel und Seitengewehr.
[66] Truhentuch aus Gebildleinen (Damast).
[67] 4. Raum: Die Fuhrkammer.
[68] Truhe mit Leinentafel, worauf Bild »Vom verloernen Sohn«.
[69] 5. Raum: Die Küchenkammer.
[70] Zubedtstetgen = Kleines Bett mit Überbau.
[71] Truhe mit aufrechtstehender altmodischer Tafel und Truhentuch. Tafel auf verschlossener kleiner Truhe mit Leinendeckchen. Alter Lehnstuhl. Auf Leinentafel das Bild: »Vom reichen Mann u. armen Lazarus«. Kleines Bild mit schwarzem Hund.
[72] 6. Raum: Stubenkammer.
[73] Uff Leinentuch gedruckter Zwelen: Bedrucktes Tuch als Auflage für Möbel bestimmt.
[74] Sthabellen = Regal oder Schragen.

7. *Item uff der langer Kammer*[75] *Zwa Bedtstadt mit zweyen Bedten der ein new und ein alt mit zween Küßen und ein Kurßhe vortt drey geller Gardeinen, Item ein alt Dennentaffell uff schragen mit einm grönen gewalcketen treipen Doich,*
*Item ein alte wüllen Bunte schartze.*
*Item ein offen Trißhor mit einer uffstehender leinen gemachter Taffelen figur von Adamen und Even ihm Paradeiß*[76]*, Item ein alt Deckbetgen mit einem Stoilküßenn*[77]*. Item zween alt Korffstoill*[78] *und zwa kleiner Brandtrichten, ein Th(S)abell.*
8. *Item uff dem Fleischhauß*[79] *ein alde Thon so ungefehr halb voll fedderen und ein altfrensche Kiste darin umbtrint* [79] *ein halb sumbr. Hoppen und ein alt Stoilküßen.*
9. *Item uff dem Aldenhauß*[80] *uff weilant Juncker Godthardts Korn Soller funftehalb Paar alter beschlagener Kahr- und wagenrader,*
*Item Zwa beschlagenn Wagenaßenn mit ihren shumenn,*
*Item ein new Botter Renkirn*[80]*,*
*Item ein halb Colnisch sumbr.*
10. *Item uff unsers gnedigen Herrenkammer*[81] *ein Betstadt mit einem Renner sond. Boden*
*Item ein alt zubrochen Trißhor.*
11. *Item uff dem Aldenhauß uff der Rüstkammer*[82] *neben unsers Gnedigen Fürsten und Herrn Kammer befonden wie folgt:*
*Item fünff Speer,*
*Item Zwehen Reidt Seddell und ein Reidtküßgenn,*
*Item Zwehen Reißige Zeum mit ihren Mundtstücker und darbaußen noch sechs Mundtstücker und Zwehen Maulkorff,*
*Item funff Reißiger Achtergezeuger,*
*Item zwy paar alter Stiffelen,*
*Item zwa Halterenn ein mit eißeren, die anderen ohn Streng oder Zeugelen,*
*Item veir Pofferder ohn Vörschloß und drey kurter Büxennleuffer ohn Lader oder Vorschloß*[83]*,*

[75] 6. Raum: Die Lange Kammer.
[76] Truhe mit Bild: »Adam und Eva im Paradies«.
[77] Stuhlkissen
[78] Korbstuhl
[79] 8. Raum: Das Fleischhaus. Darin alte Tonne halb mit Federn gefüllt. Altmodische Kiste mit umbtrint (ungefähr) ½ Sümmer (Hohlmaß) Hopfen.
[80] 9. Raum: Im alten Haus. Ursprünglich Getreidespeicher. Darin abgestellt: Karren- und Wagenräder, Wagenachsen, Butterkirne und Halbsümmer-Maß.
[81] 10. Raum: Die Herrnkammer.
[82] 11. Raum: Die Rüstkammer. Außer Reit- und Pferdegeschirr lagen darin:
[83] Vier Pistolen, drei kurze Büchsenläufe ohne Ladestöcke und Vorschloß.

*Item drei Harnerscher Borst und Rückstück und ein Borststück miten zwey par Beinstücker und darzu noch so ahn Ahrm, Bein, Kreich, Henschenn und anderen zum Harners gehörige dreißig stücker*[84],
*Item drey Pfertz Achter Ackergezauen mit zweyhen neuen und einer alten zerbrochenn Kahrhelpen und einem Pferdtshamen,*
*Item ein par vorder Bawen und ein paer Krampseihell*[85]
*Item zwey par Kahrstroppe,*
*Item ein wahnn würg*[86],
*Item ein par Kahrschienenn*[87],
*Item veir eißerne Negell ahn Segenschneiders schurtz Bencke*[88],
*Item drey alter ißerne Bende so ahn Müllenaßen gewest, und anderhalb ißerne Müllen Nocken*[89],
*Item achtehalb alter ißernenn Kahrrader rodenn und darzu noch etlich allerley alt geringschetziges Ißerwervk,*
*Item Sechs paar Hertzhorner wie sie die Hertze getragenn*[90],
*Item zwey Velthoners traß unnd zwey alter Haiß- und ein New Haißgarn*[91],
*Item ein Mandt*[92] *voll alter verlegener Breif-Rechnung und Bücher,*
*Item ein alt Rump von einem urwerk*[93],
*Item des seligenn Amptmans lang Beihell*[94],
*Item zwa langer ißerner Tralienn.*

12. *Ahm sechsten Decembris uff Dag St. Nicolai uff der Magtkammer*[95] *neben dem kleinen Kemmergenn ein Betstadt mit einem Renner und ein Bett mit veir Küßenn uff dem Renner unnd zwa Küßchen, ein alt wüllen schartze,*
*Item ein groiße alte beschlagenn Kiste verschloßen unnd ein klein alt offen Kiste da nichts ihnne.*

[84] Harnischteile: Borst oder Brust, wichtigstes Stück eines Plattenharnischs.
[85] Krampenseihell = Seil mit Haken, vermutlich Zugseil.
[86] Ein wahnn wurg = Bremse, Winde?
[87] Kahrschienen = Eiserne Schienen an Karrenrädern befestigt um sumpfiges Gelände, auch steile Hänge leichter zu überwinden.
[88] Schurtzbank gebrauchte der Sägenschneider um Baumstämme aufzulegen. Zugehörige Nägel dienten vermutlich als Stützen.
[89] Nocken einer Mühlradachse.
[90] Hertzhorner = Hirschgeweihe.
[91] Velthoners traß = Garn in dem Feldhühner gefangen wurden. Hasengarn diente demselben Zweck auf der Hasenjagd.
[92] Mange mit Briefen, Rechnungen und Büchern.
[93] Rumpf eines Uhrwerks (Standuhr).
[94] Lang Beihell = Gebrauchte der Burgherr als Attribut seiner Gerichtsbarkeit, insbesondere des Waldrechtes. Die Besitzer von Haus Ophoven waren Markgrafen der Opladener, Bürriger und Dünfelder Gemarkung.
[95] 12. Raum: Die Magdkammer.

13\. *Item uff dem Kleinen Kemmergen*[96], *da Juncker Godthardt uff gestorbenn, ein Bedtstatt mit einem Renner mit zweihenn Bedtenn,*
*Item ein groiße altfrensche beschlagen offene Kiste, da nichts ihn, wie auch ein ledig schreingen,*
*Item veir alter roder Gardeinen zwa schabellen.*

14\. *Item uff dem Sahell*[97] *ein lang Taffell uff schragen, noch ein veirkentige Taiffell uff schragen und ein Taiffell uff einem veirkentigen geschrenken, ein loß Bangk, ein Lennen schragen Stoill und ein shabell,*
*Item zwa gegoßen Brandtrichten,*
*Item ein klein veirkentig vriweckelgen oder weckergenn,*
*Noch uff dem Sahell einen rodenn veirkendigen kuffernen thurken-keßell mit einem kiffernen Deckell,*
*Item ahn weißenen altenen kufferen Kesselen ad sieben stück mit einer kufferen seihen zusammen vierzig Pfd. wagent, ein blanck kuffernen Beckenn.*
*Item zwey groißer iseren gegossen Düppen und zwey kleiner iseren Düppen unnd zwey kleiner kuffernen Düpger,*
*Item ein Kluehet*[98] *und ein Kochenpahnn,*
*Item ein Ellens voiß*[99], *so zum Drinckgescheir gemachet und ihnn einem Scheffgen uff dem Sahell zwey kliener fleschger.*

15\. *Item uff der Küchen*[100] *zwey Schaiff, ihn einem Schaiff das Zinnenwerck, nemblich sechsundzwantzig Zinnen Teller, veir Leuchter wiegen 35 Pfd.*
*Item ahn Zuinnen schottelen klein und groiß eilf unnd ein Kammerpott wagen 25 Pfd. Noch siebenund zwantzig schottelen wagen 58 Pfd.*
*Item noch veir Kammerpotte, zwey Lavor, zwey saltzfaßer wagt 21 Pfd. Macht zusammen an Zinnenwerck — 149 Pfd.*
*Noch auf der Küchen bey dem Zinnenwerck zwey sybersche Kennger* [100a] *mit Zinnen Deckelen,*
*Item noch zwa weiße Kruchen beide ungefehr sechs oder sieben qß*[101] *haltendt,*
*Item zwey Roisteren*[102] *und ein groiße zerbrochen Roister,*
*Veir Brandtrichten, ein vurhaich*[103], *ein Braidtspiß*[104], *ein alte Braitpann,*

[96] 13. Raum: Kleine Kammer. Sterbezimmer des Gotthard von Hall.
[97] 14. Raum: Burgsaal (Sahel). Darin standen an Möbeln: Ein langer und zwei kleinere Tische auf Schragen, eine Bank, ein Schragenstuhl, gegossene Brandrichten, ein Weckerchen, Kupferkessel und Eisentöpfe.
[98] Kluchet = Greifzange, am Kaminfeuer zu gebrauchen.
[99] Ein Ellens voiß = Fuß eines Elches zum Trinkgeschirr verarbeitet.
[100] 15. Raum: Die Küche. In zwei »Schaiff« (Schränken) waren Zinngeräte
[und] aller Art, im ganzen 149 Pfd., einige weiße Krüge und Siegburger Känn-
[100a] chen mit Zinndeckel untergebracht.
[101] qß = Quart, Hohlmaß = ¼ Flasche = 4 Pint. 60 Quart ein Eimer.
[102] Roisteren = Eisenroste.
[103] Vürhaich = Feuerhaken, Schüreisen.

*Item ein langk funteinen Bor*[105] *und vor der Küchen uff dem Gang ahn Buxen drey Haichen*[106] *Idell Ißer unnd zwa Dubbelhaichen mit Laden unnd zwa Kammer Buxenn.*

16. *Item ahm siebenden decembris praesente obg. beider Scheffen und Damen Huyß uff der Stuben*[107] *ein Zabell, drey Bedt, drey Püllen, zwey Hauptküßenn, ein Kursche und ein alt Roidt wüllen Doich und ein offen Trißhor, darauf etliche Bücher so nit inventarisirt.*

17. *Item uff der Junfferen Kammer*[108] *ein schreingenn mit einem Junfferen Hembde, ein Küßziechen, sechs Kragh, etliche Kindervormauenn mit einem kleinen Kinderkistgenn, darinn etlich klein Leinen-Kinderwerck.*

*Item noch ein schreingen, darin ein mans Hempte, ein roidt Letgen dairin zwehn Junfferen Hornen Jürdelger*[109]*, ein Leinen Küßzeichen etliches Kinderzeug, ein pfloirs*[110] *etliche alde abgestueden Korte,*

*Item ihn einem Trißhors Scheffgen uff der Junffern Kammer, darin zwehn sylberne Becher, fünff sylberne Leffelen, zwy kleine erde Krüchelger, etliche Plusterey*[111]*, auch etliche uffstahende gemahlte Tafflen und ein hangende groiße schreib Ley*[112]*,*

*Item eilff Ellen Eschfarbige Bawmen, sein mit einem Burtgen bunter Korden unnd etlicher seiden ihn ein klein stückelger Zarthdochs*[113] *bey drey haldendt gebondenn und ihn ein schreingen gedoin,*

*Item noch ein klein schreingen, darin ein Beudelgen mit eilf alter Rait-Zeicht*[114]*, ein silbern Bodten Büxe mit Hallenwappen*[115]*, ein flaweilen Junfferen Kleid mit goldt umbsatzt,*

*Item ein stück flaweils mit feinem Taffet foder, scheinent als wan es ein Mütze gewest und etliche Kinder Zeug Leinen Pluderey,*

*Der Junfferen Zwern Beutell mit einem gürtel und zwey metzer und kein befonden,*

*Item einen Kocher*[116] *mit sieben Metzer und eingen gefolge,*

[104] Bratspieß
[105] Langk funteinen Ror = Wasserrohr?
[106] Haichen = Haken.
[107] 16. Raum: Auf der Stube.
[108] 17. Raum: Die Jungfern Kammer.
[109] Horngürtelchen
[110] Ein pfloirs = Rüschenkragen?
[111] Etliche Plusterey = alter Plunder.
[112] Hangende groiße schreib Ley = hängende Schreibtafel aus Schiefer.
[113] Sartücher = ein geripptes Baumwollgewebe ähnlich dem Mailänder Barchent.
[114] Reitzeicht = Reitzeug?
[115] Silberne Botenbüchse mit Hallschem Wappen (siehe Titelseite).
[116] Köcher mit sieben Messern.

*Item noch uff der Junfferen-Kammer ein Bedtstadt mit einem Renner, ein Bett, drey gardeinen so schwartz groiffgrünem.*

*Item ein gegiffelte ledige Kiste mit Ledder überzogen, veir Hechelen*[117]*, zween Blaeßbelge und ein nehe Küßenn*[118]*, ein Lobbeneißer*[119]*, noch ein ledig schreingen,*

*Item ein groiß Hoichschaff*[120] *Dair ein klein stengen Dair ungefehr Drey oder veir qß ue(r) dts und ein Urwerck.*

18. *Uff der Junfferen Stuiffgen*[121] *ein Schlaußkorff*[122] *mit einem ... als stolingk Kacht zwerlt unnd mißbuechr*[123]*,*

*Item ein Taiffell, ein ledigh Tritzßhor und zwa lediger Kisten, ihn einer ein Dischdoich,*

*Item ihn einem mengen*[124] *ein alt leinen Haltzdoich, veir Krech ... und deß Junckers Leinen Hoibmütze*[125]*,*

*Item ein hoich Boichschaff*[126]*, dairinnen etliche Brieff, Siegel und anders so biß zu Ankumpst der Vormünder verschloßen an Inventarß ist verbleiben,*

*Item veir Stoill Küßgen, ein Garnwinde,*

*Item uff dem gewülf ein Bedtstadt mit einem altenn Bett unnd fünff alter lediger Kisten unnd ein Brandthaich.*

19. *Item ihm Keller ein dubbelt Haiche unnd ein Kammer Büxen*[127]*,*

*Item funff lediger Vaiß*[128]*.*

20. *Item under der Portzen zwea Kisten, ihn einer veirzehenn Capittenn*[129] *sein uff den Saall gedragen, ihn der ander Kisten etliche Buecher so zugeschloßenn,*

*Item auß dem Keller auß einer Kisten die Buicher uff den Saall gedragenn unnd uff daß Potaill gelachtt.*

21. *Item ihn der Alter Küchen ein Kutzwagen mit*[130] *zweyen aßen unnd sthuinenn, noch ein Wagen mit zweihen aßen und ... und ein Kahraße.*

[117] Flachshechel

[118] Nähkissen

[119] Lobbeneisen = Lobbe war eine Halskrause, rundes Eisen zum Steifen oder Bügeln derselben.

[120] Hoichschaff = hoher Schrank.

[121] 18. Raum: Auf dem Jungfern Stübchen.

[122] Schließkorb

[123] Meßbücher

[124] Eine Mange mit altem Halstuch.

[125] Mütze aus Leinen.

[126] Hoher Bücherschrank.

[127] 19. Raum: Keller. Darin Doppelhaken und Kammer-Büchse.

[128] Fünf leere Fässer.

[129] 20. Raum: Unter der Pforte, daraus Bücher auf den Saal getragen.

[130] 21. Raum: Alte Küche als Abstellraum für Wagen und Zubehörteile gebraucht.

## 3. Der Ophovener Landbesitz um 1618

1. *Erstlich der große Baumhoff an maßen 4 Morgen 56 halb Roden*
2. *Item noch am selben Hoffe zwischen der bach und dem Plankamp befonden 5 fierdell 13 Roden*
3. *Item der moßgarden*[1] *1½ morgen 8 Roden*
4. *Item der meullenkamp 3 morgen 15 Roden*
5. *Item dat klene baumhöffgen an der straßen 2 morgen 2 Roden*
6. *Item der meullen garden 1 fierdell 3 Roden*
7. *Item das meullen weißgen*[2] *mit dem dam biß an die meullen bach helt 1 morgen 14 Roden*
8. *Item im alden weyer 1½ morgen 31 Roden*
9. *Item der dam*[3] *von dem alden weyer biß an den meullenplatz mit seinen bäumen und strauch Houltz 5 fierdel 10 Roden*
10. *Item die weiße, die weide genant, zweyschen der bach ond der weiße negst dem falckert beß auf die bach met ihren ahn leigenden streucher und Houltz geweß biß an den dam 5 morgen 24 Roden*
11. *Item die weiß negst dem alden weyer neben dem falckert beiß an den flot graben 2 morgen 54 Roden*
12. *Item die weiß boffen dem flotgraben*[4] *neben dem falckert beiß an die mydelste weiß 7 morgen 33 Roden*
13. *Item die midelste weiß bis auf die bach und meulle graben 4 morgen anderhalb feirdell feirdehalb Roden*
14. *Item die oberste große weiß biß an den deich mit dem ortgen busche, die weiße zwischen der weißen und in flotbusche zusamen 10½ morgen 47 Roden*

*Robertshoff*

15. *Item der Robertshoff und garden zwischen der bach und dem weg biß an den understen garden und oben an die Oilligs mülle helt an maßen 6½ morgen 63 Roden*
16. *Item der underste Ropertz garden 6½ fierdel 8 Roden*
17. *Item der hoff und garden und landt mit und beuven seinen Hecken zu Upladen an der Kerch 7 morgen 4½ Roden, dieß ist ongeferlich 1½ morgen*
18. *Item die weiden in der Ruwlachen*[5] *mit den ortgen über die bach nach Upladen zu, zwischen dem bach und dem lande helt 11 morgen 23 Roden*

[1] Gemüsegarten
[2] Das Mühlen-Wieschen.
[3] Damm vor dem alten Weiher.
[4] Wiese über dem Flutgraben.
[5] Weide in der Rulach (wasserreiche Talaue).

19. *Item die benden in dem Ropertz Bentghen 2 morgen 74½ Roden*
*Suma Baumhoff, garden, weiden und weißen 68 morgen 31 Roden*

*Folgende lendereye*

20. *Item das land der falckert genant, helt an maßen 27 morgen ½ fierdell*
21. *Item auf der Elßbach*[6] *neben der falcker Hecken 11 morgen 28½ Rode*
22. *Item noch daselbst neben dene 20 morgen ein Steuck 3 morgen*
23. *Item der planekamp 3 morgen 15½ Rode*
24. *Item das land boffen dem bumhoff 17 morgen 12 Rode*
25. *Item Ann dem tor*[7]*, auf den seß morgen genant, befunden 6 halben morgen*
26. *Item auff dem honer bergh negst dem planckamp 6½ morgen 46 Roden*
27. *Item heinder auf dem honerberg 8½ morgen 65 Roden*
28. *Item das lant boffen dem wegh an dem beusch schußt an das meullen dor, so an einander gelegen, helt zusamen 22 morgen 39 Roden, dessen ist 2 morgen an dem meullen dor und 5 morgen vur nach pupioffen zu in vuriger maßen also bleibt in diesen maßen nhur 15 morgen 39 Rode*
29. *Item an ... dem wegh von den zehen morgen ahn biß auf den weg, so scießt an das Müllen dor, helt ein morgen ein feirdell 7 Roden*
30. *Item nach inn hettereige felde*[8] *heinder meullen Johan Kamoe lants den Uplader weg beiße oben an de Colnischen weg umb schmabels lannt gelegen, an maßen befunden 28sten halben morgen vierde halb Rode*
31. *Item das lant an der Kerchstraßen*[9] *zweischen dem Robertz landt 7 feirdel funftehalbe Rode*
32. *Item nach auf demselbe felde an den dreionddreißig morgen an maßen 7 morgen*
33. *Item die Aue neben dem Robertz hoff helt 8 morgen 11 Rode*
34. *Item das lantt in der Reulachen zehndenhalben morgen*
35. *Item das lantt boffen ond ahn der Ruwlachen auf dem acker helt 10 morgen*
36. *Item noch auf dem acker und auf dem Knechtszgraben mit dem Rottblech unden am Ende helt zusamen vierzehndenhalben morgen 28 Roden*
*Suma ahn Lande inn dießer maßen 183 morgen 13 Roden*

*folgent die büsche*

37. *Item der Busch in dem Knechtsgraben helt 3 morgen anderhalb feirdel*
38. *Item die Falckerts hecke von dem Renbaum biß oben an ... zweischen den Falckert ond der Elßbach helt 7 morgen anderhalb feirdel*
39. *Item der Busch In den stocken dreittenhalben morgen anderhalb feirdel*

[6] Auf der Elsbach (Erinnert an einen Bachlauf, der in alter Zeit, von Neukirchen kommend, in die Wupper floß).
[7] An dem Tor = bezeichnet hier wohl verschlossener Eingang in einen Wald.
[8] Hederichsfeld
[9] An der Kirchstraße.

40. *Item der busch in den kleinen stöcken zweischen dem falckert und der dellen schußet mit enem schmallen Haupt oben ahn den Newenkircher Meullenweg*[10] *helt 6 morgen 20 Roden*
41. *Item der Busch in dem Honerberg 12 morgen und 1 Feirdel*
42. *Item de Ellern zweischen der müllenbach ond der alder bach von dem deick biß an die Medelweiß an maßen haldende 2 morgen, ein feirdel 15 Roden*
43. *Item die Hecke ahn dem lande boffen dem meullen thor helt 7 feirdel 17 Roden*
44. *Item der gerhardts Busch anderhalben morgen 7 Roden*
45. *Item daß wertgen*[11] *gegen den gerhartz Busch ein Feirdel vierzehndehalb Rode*
46. *Item die amptmans Hecke beneiden der straßen mit dem an maßen 4 morgen*
47. *Item noch die Heck boffen der straßen 3½ morgen, ein Feirdel 6 halbe Roden*
48. *Item gegen dürffenfeldt in der keurten Heutte die Hecke 5 halb Feirdel 1 Rode*
49. *Item an dem underste steinfelde Hecke 7 Rode.*

*Suma an Hecken und Büschen 45 morgen 3 Fdl. 2 Roden*
*Laut dessen ... gemeßene steukern zusammen 297½ morgen ein feirdel*
*Darin ist das adliche seitz Hauß*[12] *ond vorhoff mit seinem bezeirck Fischteich und grabe nit begreiffen, so sich erstrecket 4 Morgen 50 Roden* (Abb. 5)
*Erstlich 31 gewelt auf der Uplader gemarken*[13]
*Noch 12 gewelt zu dem Haus Uphoven dem deiner zu verpflegt*
*Item 10 gewelt uff Burger gemarcke*[14]
*Folgende was hiebefeur Anno 1616 im November gemessen:*

1. *Erstlich auf dem beillert*[15] *36 morgen 30 Roden*
2. *Item die Ellern auf dem bruchen mit dem ortgen, so auf das steinfelt stußt 24 morgen*
3. *Item noch 3 morgen Erlen, so die Wupper abgedrieben.*

[10] Neukirchener Mühlenweg.
[11] Kleine Insel oder Halbinsel in oder an der Wupper.
[12] Das adelige Haus (Ophoven) als (Ritter-)sitz.
[13] Im Opladener Gemeindewald war Ophoven mit 31 Nutzungsrechten.
[14] und im Bürger (Bürriger) Busch mit 10 »Gewelden« beteiligt.
[15] Auf dem Bielert = Bielhardt = Waldbezeichnung.

## 4. Baukostenaufstellung von 1696

Oberstallmeister Wolfgang Philipp Franz von Velbrück[1] kaufte 1692 Ophoven für 18 800 Reichstaler. Damals muß der ehemalige Rittersitz sehr baufällig gewesen sein. Kein Wunder, denn aus dem Dreißigjährigen Kriege war er als Verwundeter hervorgegangen.
Der neue Besitzer entschloß sich, das Herrnhaus mit seiner Schutzmauer teilweise abreißen und wieder neu aufbauen zu lassen. Einbezogen in den Bauplan waren auch die Erneuerung von Pforte und Zugbrücke und die Reinigung des Hausweihers und der Wassergräben.
Handwerker aus Opladen und Umgebung fanden in der Zeit von 1694 bis 1695 eine lohnende Beschäftigung in Arbeiten am Burghause.
Was sie damals verdienten, kann heute noch in einem Verzeichnis eingesehen werden, daß der Dinger Peter Daniels[2] von Lehn bei Lützenkirchen – von Velbrück hatte ihn als Sachverwalter eingesetzt – am 3. Juli 1696 dem Burgherrn vorlegte.

*Verzeichniß, waß zu des Hauses Ophoven Reparation in Anno 1694 und 1695*

| *verwendet worden :* | *Rchtlr.* | *Albus.* | *Heller* |
|---|---|---|---|
| *Erstlich ist an Meister Andreß, den Maurer, so zu Ophoven verstorben, von wollgemeltem Herrn Dinger lauth Buchs außzahlt* | *51* | – | – |
| *Ferners hatt dem Maurer Johannen im Winkel vermög Rechnung zahlt* | *108* | *32* | – |
| *Dem Zimmermann Petern Heldt seindt nach inhalt Accordts und Quittung zahlt* | *65* | – | – |
| *Item hatt der Zimmermann ferners im taglohn außer dem Accordt gearbeithet, so ihm zahlt ist* | *23* | – | – |
| *Die Holzschneider haben vermög beyliegendem Verzeichniß mit den belsen bohrt*[3]*, latzen und gespän, sodan auch einige Eichen Bauholtz zu schneiden verdient* | *123* | *78* | – |
| *Vermög quitirtem Accordts seint Petern zu Weitscheidt*[4] *von dem Weyer ahm Haus Ophoven zu säubern auszahlt* | *69* | – | – |

[1] Wolfgang Philipp Franz von Velbrück. Ältester Sohn des Conrad Gumprecht v. Velbrück und der Maria Agnes von der Reven, besaß außer Graven und Langfort auch Haus Vorst bei Leichlingen und Ophoven bei Opladen.

[2] Peter Daniels, Dinger des Gerichtes Schlebusch-Lützenkirchen, wohnte in Lehn bei Lützenkirchen. Sachverwalter des Herrn v. Velbrück.

[3] Belsen = Pappeln.

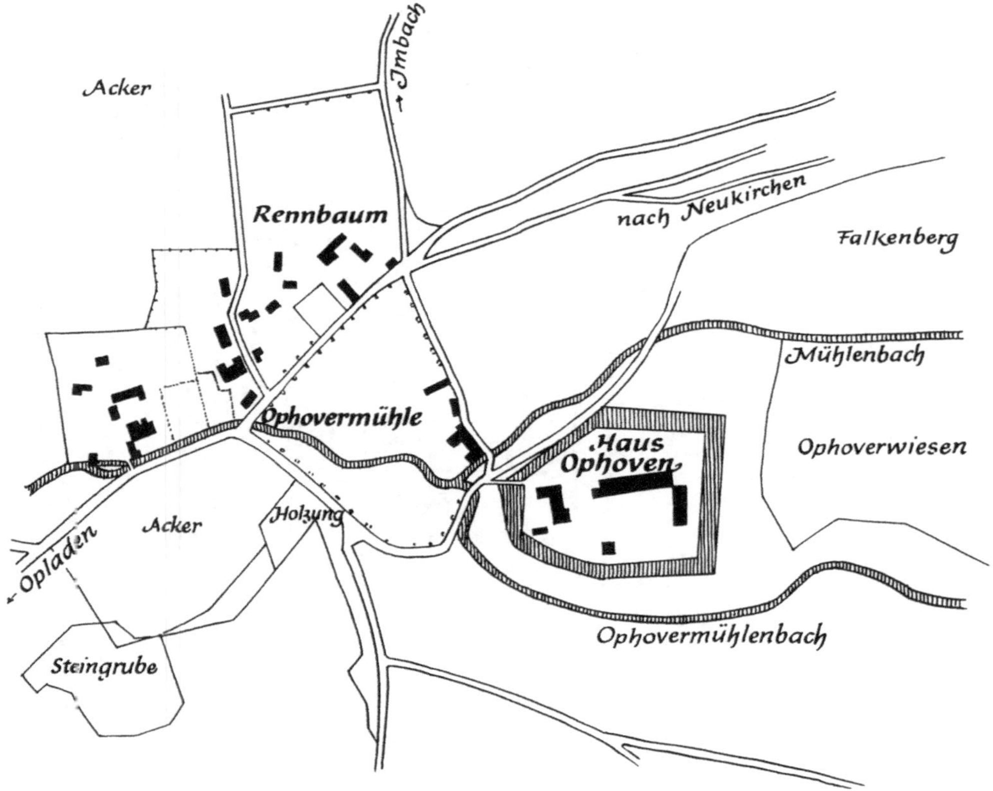


Abb. 5:
Lageplan von Ophoven
bei Opladen
1829

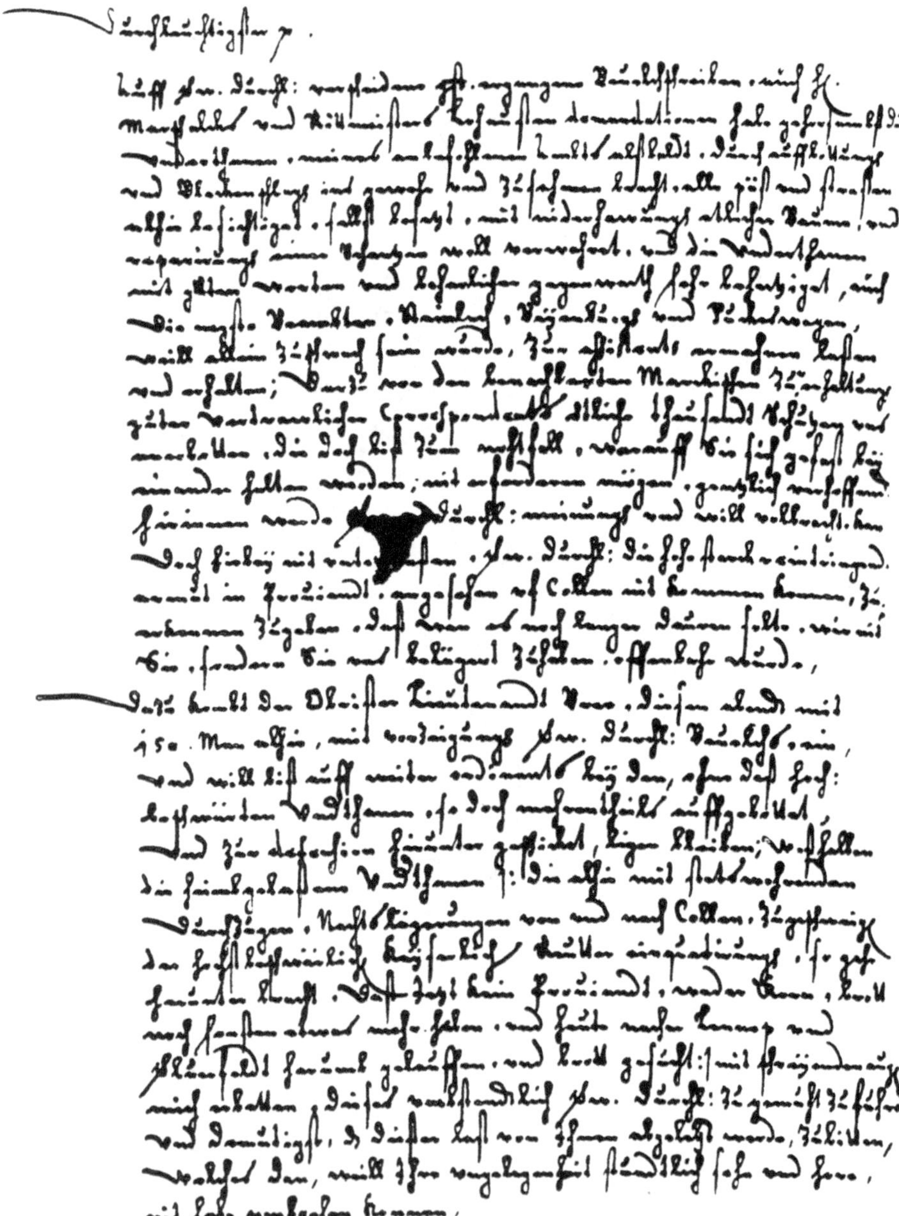

Abb. 6: Brief Gerhards von Velbrück an Kurfürst Wolfgang Wilhelm vom 2. August 1628

Samblen auch gehorsamblich nit verhalten, das von Commissarien und
dorten Grentzen, einigen meinem Kriegsvolckh halben so mit dieß
sich zu conjungiren verhabens, und allezeit nit weit vom Landt
leben sich befinden solle, avisiret worden, die dan umb sehen ob
dieser Zeitung etwas warhafftiges, durch die Mündischen
aufgehalten werden kommen, aber zhero außkundtschafften noch
die bekante post, meiner schuldigen [illegible] nach, mit [illegible]
oder anderen Volck zuzusehen, daß mit einer durchzug [illegible]
mögen, allein bitte underthänigst, daß ich also [illegible]
[illegible], meiner Person [illegible] kommen, [illegible]
welchen sich jetzt befindet, den [illegible] Krankh und [illegible]
nicht befinden: sobald ein tag oder zehen, biß dieselben [illegible]
mochte vergönnet sein, allermassen wie [illegible] gebetten, und die
erklerungh biß folgenden tag aufgeschoben. Biß [illegible] aber nit
nichts verkommen, [illegible] Datum [illegible]
ahn 2. Augusti: 628.

Ew. Durchl:

Underthenigst
gehorsambster.

Bernhardt von [illegible]
[illegible]

Dem Durchleuchtigsten

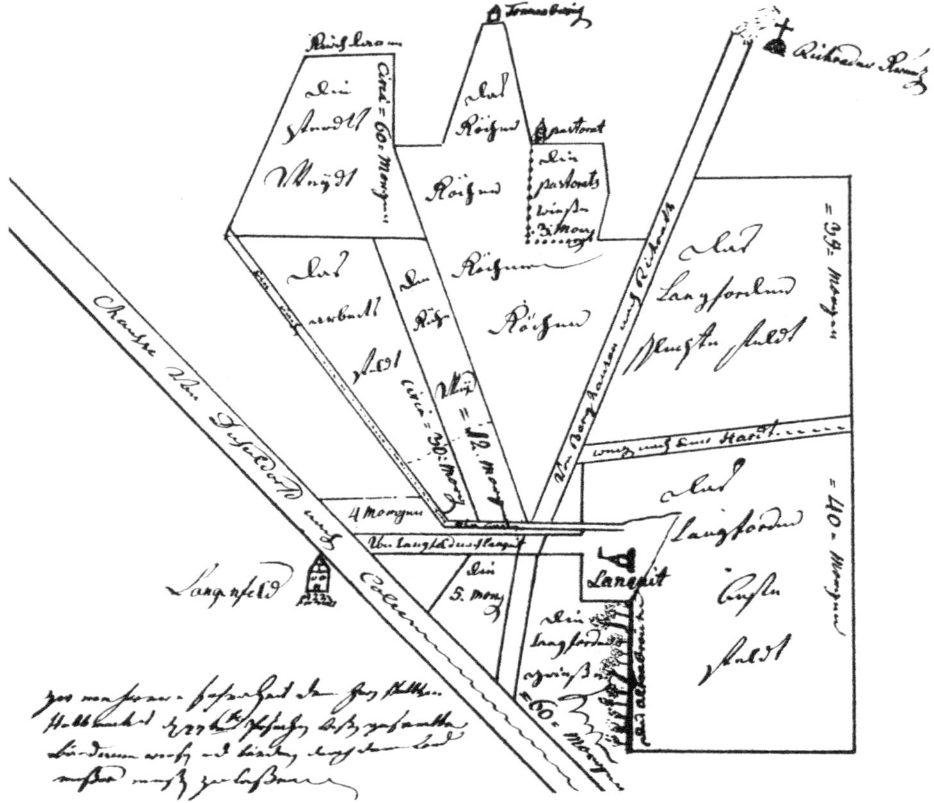


Abb. 7:
Faustskizze von Lanquit
um 1700

| | Rchtlr. | Albus. | Heller |
|---|---|---|---|
| *Item seindt inhalt beyliegender Verzeichnuß von Dingern vor 8400 Pfannen[5] bezahlt* | 64 | 20 | |
| *Dann seint nacher Uphoven zur Reparation geliebert 160 Mltr. Kalk[6], welcher mit Vragt und anderen Kösten sich belaufen und zahlt worden mit 114 Rchtlr. 16 Alb. courant* | 110 | 8 | – |
| *Von diesem Kalk zu leschen undt einigen steinen zu brechen seint lauth Verzeichnuß zahlt* | 12 | – | – |
| *Item seint dem schmidt zu Opladen vermög beygehender Verzeichnuß wegen gethaner arbeithen zum Hauß Uphoven zahlt worden* | 33 | 77 | 8 |
| *Item hat der Leydecker mit den Pfannen- und Leydecken zu Uphoven verdienet, so ihme vom Dingern zahlt sind* | 82 | – | – |
| *Dem Schnitzler[7], so die Newe brück und pfordt gemacht, zu Uphoven zahlt* | 10 | 58 | – |
| *Noch seint den Leuthen, so die bach ahn der Uplader brücken durchstochen, zahlt lauth Verzeichnuß* | 4 | – | – |
| *Ferners seint lauth Verzeichnuß eingekauft und nach Uphoven geliebert ahn bley, Nägel und Bohrt vor* | 60 | 19 | – |
| *Noch hat einem Maurer (der) von der Beyenburg nach Ophoven kommen und den Baw besichtiget, vor seinen gang bezahlt* | – | 53 | 4 |
| *Noch einen Mann, so die Dörn gehawen, so in die Müllenbach zu Ophoven gefüllet worden zahlt* | – | 52 | – |
| *Summa* | 818 | 78 | 8 |
| *Hierzu kombt annoch, so oben vergeßen 4 Fuhren so jungsthin vor Lohnkalk gehohlt, jede ad 52 Albus* | 2 | 48 | – |
| *Sumarum* | 821 | 46 | 8 |

*So geschehen Lehn, den 3. Juli 1696*
*Pet. Dietr. Daniels.*

4 Peter zu Wiescheid bei Richrath, Gelegenheitsarbeiter.
5 Dachpfannen aus Rheindorfer Ziegeleien.
6 Kalk mußte in Paffrath bei Berg.-Gladbach geholt werden.
7 Schnitzler = Holzverarbeitender Beruf, Schreiner.

## 5. Wirtshausrechnung aus dem Jahre 1660

Johann Degenhard von Hall, Miseloher Amtmann, heiratete in erster Ehe Catharina Maria von Brempt und nach ihrem Tode Anna Margarethe Bottlenberg, genannt Kessel. Er hinterließ, als er im Jahre 1655 gestorben war, sieben Kinder. Johann Degenhard, der älteste Sohn, erbte Ophoven und Otto Caspar, sein Bruder, Landscheid. Zur Zeit, als Johann Degenhard in Ophoven wohnte, führte er seinen Besuch zuweilen in die Wirtschaft des Engel »an der untersten Kick«. Dieses Gasthaus lag an der Köln–Düsseldorfer Landstraße, unmittelbar hinter der Wupperbrücke nach Norden hin. Hier kehrte der hohe Herr, im Volksmund Münßer-Hall[1] genannt, auch gern ein, wenn er von der Jagd oder vom Fischfang heimkehrte. War es nun zu jener Zeit, um die Mitte des 17. Jahrhunderts, üblich, daß angesehenen Dorfbewohnern die Zeche angeschrieben wurde, oder aber war es eine Unsitte, der sich der Grundherr aus Laune hingab?
Jedenfalls kann an einem Beispiel nachgewiesen werden, daß 1660 der Herr des Hauses Ophoven über ein halbes Jahr lang hin seine Auslagen ankreiden ließ. Oder sollte Wirt Engels säumige Rechnungslegung die Zahlung hinausgeschoben haben? Wie dem auch sei, eine Rechnung liegt vor, deren Konten sich auf ein halbes Jahr verteilen:

*Rechnung*

*waß der Woll Edelgebohrene Herr Munßer Hall zu Uphoven dem Engell uff der untersten Kecken schuldig ist wegen noch folgenden poßen:*

| | *Gulden.* | *Albus.* | *Heller.* |
|---|---|---|---|
| 1. *Anno 1660, am 24 January, hat der Herr Munßer Hall*[1] *und sein Knecht mit bey sein Hoppertz und Caspar zu Uphoven dießmal bey Engelen*[2] *verzert 9 ß (Quart)*[3] *wein, die ß vor 12 Albus* | 4½ | | |
| *und diesmal auch verzehrt 4 ß Bier* | | 10 | 8 |
| 2. *Item den 30. und 31. tito hat der Herr Munßer Hall mit bey sein Herr Kaltzein* | | | |

[1] Münßer oder Munßer-Hall. Beiname nicht zu erklären. Hingewiesen sei aber darauf, daß es im 15. Jahrhundert schon einen Opladener Ortsteil »in der Münzen« gab.
[2] Engel hieß der Wirt »an der untersten Kick«.
[3] ß = Zeichen für Quart. Zehnte halbe Quart = 9½ Quart.

| | | Gulden. | Albus. | Heller. |
|---|---|---|---|---|
| | *und der Jäger vom Murßbruch diesmahl bey Engelen verzert ann Essen und Drinken* | *Rchtlr.* | *Albus.* | |
| | | *4* | *15* | |
| | *Und diesmahl hat auch Kaltzens pfert bey Engelen verzert* | | 18 | |
| | *Ann essen und drincken zusammen* | *14* | *9* | |
| *3.* | *Den 3. Februar hat der Munßer Hall bey Engelen laßen holen ein helffgen wein und 3 ß bier. Tut sich laufen auf* | | *14* | |
| *4.* | *Den 6. tito hat der Herr Munßer Hall bey Engelen loßen hollen 3 ß bier, doht sich laufen* | | *8* | |
| *5.* | *Den 23. tito hat der munßer Hall bey Engelen laßen hollen 3 ß bier und 2 ß wein* | *1* | *8* | |
| *6.* | *Item den 24. tito hat der Munßer Hall bey Engel verzertt an bier und an brandenwein und an Toback zusammen gerechnet* | *2* | *1* | *4* |
| *7.* | *Item den 3. Martey und 4. tito hat der Munßer Hall und dessen Knecht mit bey sein Caspar zu Uphoven bey Engel verzert 16 ß bier und 11 helfger wein und diesmal auch an essen verzert 2 Gl. 2 Alb. zusammen* | *6* | *12* | *8* |
| *8.* | *Den 8. tito hat der Munßer Hall mit bey sein der feischer[4] bey Engel verzert 14 ß bier und vor 10 Alb. 8 Heller brandewein, das doht zusammen* | *2* | | |
| *9.* | *Item den 9. tito hat der Munßer Hall und sein Bruder bey Engel verzertt 2 ß bier und 1 helfgen wein, daß doht zusammen* | | *11* | *4* |
| *10.* | *Item den 11. und 12. tito hat der Munßer Hall bey Engel laßen hollen zehnte halb ß. wein und vor 2 Alb. Toback, zusammen* | *4* | *20* | |
| *11.* | *Den 16. hat der Munßer Hall mit seinem herr Bruder bey Engel verzertt 2 ß. bier, doht sich belaufen* | | *5* | *4* |
| *12.* | *Den 17. tito hat der Munßer Hall bey Engel verzertt 3 ß- bier doht* | | *8* | |

[4] Feischer = Fischer.

| | Gulden. | Albus. | Heller. |
|---|---|---|---|
| 13. *Item den 22. tito hat der Munßer Hall und Herr Hoppert bey Engel verzertt 7 ß. wein und 6 ß. bier, doht zusammen* | 4 | | 4 |
| 14. *Den 25. tito hat der Munßer Hall bey Engel verzertt an brandewein* | | 12 | |
| 15. *Item den 26. tito hat der Munßer Hall bey Engel verzertt 4 ß- bier* | | 10 | 8 |
| 16. *Item den 28. tito hat der Munßer Hall bey Engel verzertt 8 Helfger wein, jedes vor 6 Albus* | 2 | | |
| 17. *Den 29. Marty hat Herr Munßer Hall bey Engel laßen hollen 11 ß. wein, jeder ß. vor 12 Alb* | $5\frac{1}{2}$ | | |
| 18. *Item den 31. tito hat Herr Munßer Hall bey Engel hollen laßen 1 ß. wein* | | 12 | |
| 19. *Den 2. Aprill hat der Munßer Hall bey Engel verzertt an essen 18 Albus und 3 ß. bier und diesmal hat Engel dem Herrn auch gedahn vor 4 fetmentger[5] brot vor des Herrn hundte und im selbigen mahl hat der Herr durch seinen Knecht mit nach Uphoven laßen dragen 4 ß. bier, daß doht zusammen* | 1 | 15 | 4 |
| 20. *Den 4. tito hat der Herr Munßer Hall und des Herrn Knecht bey Engel verzertt an essen 6 Alb. und 2 ß. bier und im gleichen hat Engel auch dem Herrn gedahn vor 4 fetmentger brott vor seine hundte, doht zusammen* | | 14 | |
| 21. *Item den 5. tito hat Herr Munßer Hall mit beysein der Soldaten bey Engel verzertt 6 ß. bier* | | 16 | |
| 22. *Item den 6. tito hat der Herr Munßer Hall bey Engel verzertt 7 ß. bier und 4 helfger wein, und dasselbe mahl hat Hall auch bey Engel gut gesprochen vor die verjagte Irlender* | | | |

[5] Fettmentger = Fettmännchen hießen die seit 1583 am Niederrhein geprägten 8 bis 10 Heller- oder Halbstüberstücke, im Gegensatz zu Magermännchen, die $\frac{1}{4}$ Stüber galten.

| | Gulden. | Albus. | Heller. |
|---|---|---|---|
| *Edelleudte*[6] *einen halben Rchtlr. daß doht zusammen* | *3* | *9* | *8* |
| 23. *Item den 7. tito hat der Herr Munßer Hall und der Herr Pastor bey Engel verzertt 10 ß. bier und 1 Helfgen wein, doht zusammen* | *1* | *8* | *8* |
| 24. *Item den 16. tito hat der Munßer Hall mit beysein der feischer bey Engel verzertt 6 ß. bier, zusammen* | | *16* | |
| 25. *Den 27. April hat der Munßer Hall und Junker Quadt und Herr Refen*[7] *zum Forst bey Engel verzert 3 ß. wein und 4 ß- bier. Und dasselbe mahl hat Hall auch 4 ß. wein und 5 ß. bier laßen hollen uff das Haus Uphoven, doht zusammen* | *4½* | | |
| 26. *Den 1. May hat Herr Munßer Hall und der Herr Pastor bey Engel verzert 2 ß. bier* | | *5* | *4* |
| 27. *Item den 9. Mai hat der Munßer Hall mit beysein der feischer bey Engel verzert 4 ß. wein, jeder 12 Alb* | *2* | | |
| 28. *Den 18. tito hat Munßer Hall bey Engel laßen hollen 2 ß. wein* | *1* | | |
| 29. *Den 20. tito hat der Munßer Hall und der Herr Jäger-Meister bey Engel verzert 4 helffger wein und daßelbe mahl auch Engel des Herrn pferdt Haber gegeben, und der Herr Munßer Hall hat auch daßelbe mahl bey Engel verzertt an essen und bier gedruncken, daß es sich doht belaufen auf zusammen* | *2* | *15* | |
| 30. *Den 22. tito hat Munßer Hall bey Engel verzertt 6 ß. bier* | | *16* | |
| 31. *Den 28. tito hat der Munßer Hall und der Herr Pastor bey Engel verzert 6 Helfgen wein und 3 ß. bier, zusammen* | *1* | *20* | |
| 32. *Item den 29. tito hat der Munßer Hall bey Engel lassen hollen 2 ß. wein* | *1* | | |

[6] Irlender Edelleute = um ihres Glaubens vertriebene adelige Irländer.
[7] von Reven = Adeliges Geschlecht, dem im 17. Jahrhundert Haus Vorst bei Leichlingen gehörte.

| | Gulden. | Albus. | Heller. |
|---|---|---|---|
| *33. Den 10. Juni hat der Herr Munßer Hall mit bey sein Herr Kellner peiper[8] bey Engel verzert an essen und wein und bier gedruncken, auch Haber gedahn vor des Kellners pferdt, zusammen* | 5 | 1 | |
| *34. Den 11. Juni hat Hall bey Engel laßen hollen 2 ß. wein, doht* | 1 | | |
| *35. Item den 12. tito hat Herr Munßer Hall bey Engel verzert 1 helfgen wein und 2 ß. bier, daßelbe mahl 1 ß. wein mit nach Ophoven genohmen, doht* | | 23 | 4 |
| *36. Den 16. Juni hat der Munßer Hall bey Engel laßen hollen 2 ß. wein, doht* | 1 | | |
| *37. Item den 24. tito hat der Herr Munßer Hall bey Engel laßen hollen 2 ß. wein und dießmahl bey Engel verzertt 6 ß. bier, daß zusammen* | 1 | 16 | |
| *38. Den 2. Juli und 5. tito der Munßer Hall bey Engel verzert 4 ß. bier, doht* | | 10 | 8 |
| *39. Item den 4. Augusty hat der Herr Munßer Hall und Herr Voltzen bey Engel verzert an essen und dreincken* | 1 | | |
| *Summa Summarum* | 86 | 10 | |

*Hierauf ist durch Caspar bezahlt 3 Malder Korn, das Malder 11 Gulden.*

[8] Kellner Peiper (Pfeifer) Verwalter eines adeligen Hauses.

# IV. Gerhard von Velbrück, der Bornefelder Amtmann

Gerhard von Velbrück war der Sohn des Bernhard von Aldenbruck, genannt Velbrück[1], und seiner Frau, Gisela, geborene von Etzbach[2]. Von seiner Mutter erbte er die Häuser Lanquit (Langfort) bei Langenfeld, Mauel an der Sieg und das Weingut Widdigen bei Bonn.
Er vermählte sich mit Agnes von Boddelenberg, genannt Kessel, die Haus Graven mit in die Ehe brachte. Aus dieser Ehe gingen 10 Kinder hervor.
Als Amtmann von Bornefeld verwaltete er den bergischen Landesteil, zu dem die Kirchspiele Remscheid, Wermelskirchen mit seinen drei Honschaften[3], Dabringhausen, Dhünn und Fünfzehn-Höfe bei Lennep gehörten, und das in einer Zeit, als das Fürstentum Berg von den Schrecken des Dreißigjährigen Krieges heimgesucht wurde. Weder von Mauel, noch von Graven oder Lanquit aus konnte er in diesen bewegten Zeitläuften seinen Amtsgeschäften nachkommen, weshalb er sich genötigt sah, seinen Wohnsitz vorübergehend nach Wermelskirchen in den Hof »Im Berg«[4] zu verlegen. Seine Frau mit den Kindern quartierte er, als die Kriegsnot aufs höchste stieg, in Schloß Burg ein, wo auch der Richter des Amtes, Herkenrath, seine Dienstzimmer untergebracht hatte. Mit ihm lebte der Amtmann zeitweise in Fehde, was sich sehr nachteilig für die Bewohner des Amtes auswirkte. Die Räte der Düsseldorfer Regierung waren gezwungen, sich schlichtend einzuschalten; auch der Kurfürst, Wolfgang Wilhelm, versuchte den Streit zu schlichten.

[1] Bernhard IV. von Aldenbrug, gen. Velbrück, lebte in der zweiten Hälfte des 16. und zu Anfang des 17. Jahrhdts. und war verheiratet mit a) Katharina Wolff-Metternich, b) Gisela von Etzbach und c) Margarethe von Bottlenberg, geb. von Quadt. Gerhard von Velbrück, ältester Sohn aus zweiter Ehe.

[2] Gisela von Etzbach, Tochter des Wilh. von Etzbach, der mit einer Tochter des Johann Stail zu Lanquit verheiratet war. † 1611.

[3] Wermelskirchener Honschaften: Ober-, Dorf- und Niederhonschaft.

[4] »Hof im Berg«, im oberen Eifgental bei Wermelskirchen nahe der Berger Mühle gelegen.

Die unruhige, bewegte Kriegszeit brachte es mit sich, daß Gerhard von Velbrück häufig außer Amtes war, um in Köln, Düsseldorf und an anderen Orten mit Heerführern und Kriegskommissaren wegen Einquartierungen und Kontributionsforderungen zu verhandeln. Wenn er in Köln zu tun hatte, logierte er meistens im Gasthaus »Im heiligen Geist«[5]. Als einmal brandenburgische Forderungen nicht erfüllt werden konnten, führten ihn feindliche Soldaten als Geisel ins Lager nach Soest, wo er, wenn auch nur kurz, als Gefangener behandelt wurde.
Die Kriegszeit mit fortgesetzten Durchzügen und Überfällen feindlicher Truppen stellte ihn immer dann vor schwierige Fragen, wenn es galt, die Landesschützen in die Verteidigung zu rufen, und Grenzen und Pässe seines Amtes besetzen und befestigen zu lassen.
Darüber berichtet er in einem Lagebericht, den er am 2. August 1628 seinem Landesherrn überbringen ließ.

## 1. Lagebericht an Kurfürst Wolfgang Wilhelm[6]

*Durchleuchtigster p.*

*Auf Ihro Durchl. verschiedene, gdst. ergangene Bevelchschreiben, auch Herrn Marschalks und Rittmeisters Lohausen domendationen*[7] *habe* [ich] *gehorsambst die Underthanen meines anbefohlenen Ambts alßbaldt durch auffbitung und Glockenschlag*[8] *ins gewehr und zusahmen bracht, alle päß und straßen albir besichtiget, selbst besetzt, mit niderhauung etlicher Bäume und reparirung einer Schantzen*[9] *woll verwahret, und die Underthanen mit guten worten und beharrlicher gegenwarth sehr behertziget, auch die negsten Verwalter, in Steinbach, Beyenburg und Hükeswagen*[10]*, weill allein zu schwach sein würde, zu abßistents*[11] *ermahnen laßen und erhalten. Darzu von den benachbarten Marckischen*[12] *zu erhaltung guter vertrawlicher Correspondenz etliche thausendt Schützen uns an-*

[5] Nähe des Bayenturms am Rheinufer
[6] Hauptstaatsarchiv Düsseldorf: Jülich-Berg II/3023 (siehe auch Abb. 6).
[7] domendationen = Zuweisungen.
[8] Durch Läuten der Kirchenglocke wurden Landesschützen, Ritterschaft und Bürger in Kriegszeiten zur Verteidigung aufgerufen.
[9] Reparirung einer schantzen = Straßensperren in übersichtlichen Höhenlagen erbaut. Heute noch erinnern Flurnamen daran, wie an der Straße Dabringhausen–Altenberg bei Limmringhausen.
[10] Verwalter - Amtleute von Steinbach, Beyenburg und Hückeswagen.
[11] Unterstützung, Beistand.
[12] Markischen = Westfalen (Amt Altona).

*erbotten, die doch biß zum nothfall, worauff Sie sich gefaßt, bey einander halten werden, mit erfordern mögen, gentzlich verhoffend, hierinnen werde Ihro Durchl. meinung und will volbracht.*
*Kan doch hiebey nit unterlaßen, Ihro Durchl. die hohe starck u. eintringend armut in Proviandt angesehen, uf Collen nit kommen können, zu erkennen zu geben, daß, wan es noch langer dauern solte, wir nit Sie, sondern Sie uns belägert zu haben, offenbar würde.*
*Dazu kombt der Obristen Lieutenandt Bree*[13] *diesen abendt mit 150 Man alhir, mit vorzeigung Ew. Durchl. Bevelchs ein und will biß auff weiter rediments*[14] *bey den, ohne deß hochbeschwärten Underthanen, so doch mehrentheils auffgebottet, und zur defension*[15] *hinunter geschicket, ligen bleiben, weßhalben die heimbgelaßene Underthanen (die alhie mit stets wehrenden Durchzügen, Nachtslogirungen von und nach Collen, zugeschweig der hochstbeschwärlich Kaiserlich Reutter einquatirung, so gahr herunter bracht, daß jetzt kein Proviandt, weder Korn, brodt noch sonsten etwa mehr haben, und heute nacher Lennep und Elverfeldt herumb gelauffen und brodt gesucht) mit thränendem Aug mich erbotten, dieses umbstendtlich Ihro Durchl. zu gemüth zu führen, und gemutigst, von dieser last von Ihnen abgelegt werden, zu bitten, welches dan, weill Ihre ungelegenheit stündtlich sehe und hore, nit habe umbgehen konnen.*
*Daneben auch gehorsamblich nit verhaltends, das von Commishario und Drosten Frantzen einiger man Kriegsvolk halben, so mit diesem sich zu verjungieren*[16] *vorhabens, und albereit nit weit vom Ambts Altona sich befinden solle, avisirt werden, die doch, wofehrn ahn dieser Zeitung etwas warhafftig, durch die Merckischen aufgehalten werden koennen, aber Ihres außbleibens halben wehre die unterste päß meiner schlechtung meinung nach, mit Breen oder anderem Volck zu versehen, daß nit einen Durchbruch entstehen mochten. Allein bitte unterdienstlich, daß uf alsolchen unverhofften Fall meine Hausfrau eine Kammer uffm Haus Burg ( :auff welchem sich jetzt niemandt dan Kellner Karth und Richter Herkenrath befinden :) etwa ein tag oder zehen, biß diß wetter furüber, möchte vergönnet sein, allermaßen wie newlich gebetten, und die erklerung biß folgenden tag ufgeschoben, biß heran aber mir nichts vorkommen hierahn geschrieben.*

*Wermelskirchen, ahm 2. August 1628*

*Ew. Durchl.*
*Undthenigst gehorsambster*
*Gerhardt von Aldenbrugk,*
*genandt Velbrugk, Ambtmann.*

[13] Leutnant Bree, vermutlich Führer einer pfälzischen Einheit.
[14] rediments = Einlösen.
[15] defension = Verteidigung.
[16] verjungiren = vereinigen.

## 2. Pachtbrief Dhünnfischerei

Diese Fischerei war wohl ursprünglich landesherrliches Regal. Der Pfalz-neuburgische Kämmerer und Jülicher Amtmann, Wilhelm von Hanxlar zu Gangelt, dem sie übertragen worden war, trat sie an seinen Vetter Gerhard von Velbrück, Amtmann von Bornefeld, ab, wohl deshalb, weil Hanxlar sie doch nicht nutzen konnte. Von Gangelt im Kreise Geilenkirchen an die Dhünn zu kommen, erforderte viel Zeit und Geld, abgesehen von den Kriegsgefahren, denen der Reisende in jenen Zeiten ausgesetzt war.

*Wir, Wilhelm von Hanxlehr zu Gangelt, Fürstl. Pfaltz-Neuburgischer Cämmerer und Jülicher Amtmann zu Gangelt, bezeugen ... in Kraft gegenwerdigen meiner Recognition*[17] *offentlich, daß ich aus sonderlicher affection*[18] *und Freundschaft dem auch wohledlen Gestrengen und vesten Gerharten von Aldenbrugk, genant Velbrüggen zum Mawel und Langfordt, meinem freundlichen Vettern, in so lang*[er] *mit dem Ambte Bornefeldt von Hochgndst. Ihro Frstl. Dchlt. versehen, meine uf der Dunnen*[19] *habende Vischerey in so wiek Ich darzu berechtiget, von dem Müllendeiche*[20] *bis an den Königsspitzer Hof*[21] *ohne jemandts Behindernuß ... zu fischen und nach wohlgefallen zu gebrauchen, uffgedragen und vergünstiget haben. Heneben auch sol mein Halfen daselbst wohlgem. Herrn Ambtmann unterschiedliches hohes Eichenholtz uf meinen an sich gepfachten Büschen abzupfellen und zu vernutzen uff anfordern anweißen und folgen lassen.*
*Zu Urkundt, das solches mein wohlbedachter will und gentzliche meinung, hab diesen schriftlichen Schein mit meiner eigenen Handt subscription*[22] *bekrefftiget.*
*den 6. January Anno 1629.*

## 3. Bergische Landstände und die »Soester Fehde«[23]

*Wolledell und Gestrenge, besonders freundt viellgeliebte respectius Herren Brüder, Schweger, Vetter, gevatter und großgunstige gute freundte.*

[17] Recognition = Besichtigung.
[18] affection = Wohlwollen.
[19] Archiv Mirbach-Harff: Graven-Langfort IX/61.
»uff der Dunnen« = an der Dhünn.
[20] Mühlenteich = an der Stailsmühle bei Dhünn?
[21] Königsspitze, Hof unweit Zusammenfluß Große und Kleine Dhünn, Gemeinde Dabringhausen.
[22] Unterschrift
[23] Archiv Mirbach-Harff: Graven-Langfort I/4.

*Ew. wolledl. und gestreng. H. werden mehrentheilß verstanden haben, waß maißen ich vor etzlichen Jahren wegen ... dem Ambt Bornefeldt restierenden Contributions-Gelderen, vonn meinem Hause Mauvell abgeholt und nacher dem Guarnisum Soist*[24] *hingeführt sein worden.*
*Ob zwaren nun vor dem Hr. Obristen Genth*[25] *ich gnugsamb erweiß, daß ich keine dergleiche Gelder uffgehebt, sondern die Ambtsgenössen durch ihre Außschösse collectiret, und daruff der ahnn mir vermeintliche contributions abforderung laut mitgebenem abscheidte erlaißen bin wordenn, So ist gleichwoll ohne nit daß über meiner anhaltung bey die 200 Rchtlr. crafft Ihr. Dchl. vorhin underthänisch eingelieberte Specification und Attestation ahnn fanggelt und Unkosten uffgangen, und ich zahlen müssen ... von obangeregten Ambts Underthainen mit hinwidderumb gut zu machen angeweiset, doch biß in heutigem von mir noch nit stark gefordert, villweniger bezahlt worden.*
*Und anderen umb dergleichen Ursachen willen uns so uff entgelt nür Ihr selbst Kosten gefangen undt mitgenohmen werden, daß Ihrige aus den Ämbtern pro quota widder zu erstatten von Ew. woll und Edlen L. L. ahnordtnung gemachet. Alß woll hiermit dienst- und freundtlich dieselbe ersucht Und beschwert habenn, die größgunstige Hilfung zu schaffen, Wo mir mein außgelegtes Fanggelt und Kösten laut richtige desionation ebenfalls widderzahlt und gutgethan werde, muge Solches daß ahnn sich selbsten pillig*

*bin und verpleib Ihr* *Ew. wolled. und Best L-L.*
*Unnd freundtwillig sesp. lieber bruder,*
*Schwager, Vetter, gevatter und guter*
*Gerhardt Velbrück.*

*Verzeignus waß zu Soest, als in nahmen des Ampts dahin durch Soldaten abgeholet und verarrestirt worden und ausgelegt*[26]*:*

1. *Weil verstehe, daß in andern Ampten den Jenigen so in nhamen des Ampts gefenklich hingeschleifet worden, von der gemeinden erstattung widderfährt, ich auch vermögs vor diesem den Vorstehern eingelieberten attestation*[27] *in nahmen das ganze Ampt und dahero hinderstendig Brandenburgischer Contribution, worauf befelch des Obersten Genth von den Soldaten gefenklich hingeschleift unnd zu Soest verarrestirt worden, daher denn keinen geringen schaden erlitten, als wolle der Vorsteher erclärung darüber vernehmen, daß mir dargegen guit zu thuin gemeindt wehre.*

[24] Soest in Westfalen.
[25] Brandenburgischer Offizier.
[26] Quelle: Archiv Mirbach-Harff: Graven-Langfort I/4.
[27] attestation = Bescheinigung.

| | |
|---|---|
| *2. Darbeneben den Soldaten geben müßen* | *36 Rtlr.* |
| *3. In der herberg mit Ab- und Zugehen der Offiziere und Soldaten verzehrt* | *39 Rtlr.* |
| *4. Des Obersten Secretario geben vor pasport*[28] *und Verweistumb aufs Ampt 1 Rosenobel*[29] | *2 Rtlr.* |
| *5. Dem Trompeter und Trommelschlager die ins logements*[30] *kommen ieder part 2 Rtlr.* | *4 Rtlr.* |
| *6. Als ich wieder nach Haus verreist, ist mir ein reuter und Trompetter mitgeben vor Convoy*[31]*, underwegs mit 4 Pferden verzehrt* | *13 Rtlr.* |
| *7. Dem Trompetter vor Verehrung und Zehrung geben einen rosenobel, 2 Ggl.*[32] *2 Rchtlr.* | *15 Glg.* |
| *8. Als ich abgeholt bin worden, hab mitgenohmen welche der Corporall alsbaldt zu sich genohmen und die partheien underwegs davon gezehrt* | *15 Glg.* |
| *9. Deswegen dreymahl nach Düsseldorf verreist, iedesmahls underwegen gewesen 3 tagh, drei tagh dahin und drei tagh nach hauß 18 Tage, iedes tags 3 Rtlr-* | *55 Rtlr.* |
| *Erstlich, als ich den Hrn. Rhäten solchs zu erkennen gebe. Zum anderen daß der Oberst mich widder eingefordert hat und die rhäte mich damals entschuldiget. Zum 3. als die Gemeinde von hier vor mich geschreiben und damahl resolution*[33] *bekommen, das ich den Anwaldt, so aldaer gefangen laßen solte, unnd solches den Herren rhäten zu erkennen geben, was in den dreyen mahlen verzehrt weist das wirthsbuch aus, hält davon zwischen dreißig und 40 Rtlr.* | 35 *Rtlr.* |
| *Francisko wegen der Reise* | *10 „* |
| *Caspar wegen der Reise* | *10 „* |
| *Peter im Berg, so er ahn Zehrung diesen weg ausgelegt* | *10 Rtlr.* |
| *Summa an geldt* | *248 Rchtlr. 3 R. orth*[34] |

[28] pasport = Ausweis, Paß.

[29] Rosenobel = Englische Goldmünze, von Eduard IV. eingeführt, Name zurückzuführen auf die Rosen im Prägebild.

[30] logements = Logis, Quartier.

[31] Convoy = Geleitzug.

[32] ggl. = Goldgulden, Rheinischer Gulden, Haupthandelsmünze mit 112 Albus berechnet. (Albus = Weißpfennig, Groschenart, blieb seit Mitte 14. Jahrhdt. am Niederrhein über zwei Jahrhdte. Hauptsilbermünze.)

[33] Resolution = Entschließung.

[34] Orth = Geldstück, 1/4 Reichstaler.

## 4. Aus dem Sterberegister der Pfarrei Rosbach a. d. Sieg[35]

*von Pastor Johannes Doerhoff*

*Anno 1634, den 11. Januar Ist der WolEdler Gestreng und Vester Gerhard von Aldenbrück, genannt Velbrück, Herr zu Mauel und Lanquit u. Zeit lebens Amtmann zu Bornfeld in dem Berg, im Kirspel Wermelskirchen umbtrint* [ungefähr] *10 und 11 Uhren in der nacht in dem Herrn saliglich entschlafen. Anno den 22. Novbr. Ist die woll Edle Viell Ehrentugendreiche Agneß von dem Bottlenberg genannt Keßels, Witwe von Velbrück uff dem Hauß Zum Graben an der Pest in dem Herrn Seliglich entschlafen und seind nachfolgende Junkern und Juffern Ihrer Ad. L. Kinder auf selbige Zeit in wenig Tagen an der Pest gestorben und in dem Herrn Seliglich entschlafen:*

| | | | | | |
|---|---|---|---|---|---|
| *Junker* | *Bernhard von Aldenbrück, genannt Velbrück;* | | | | |
| „ | *Evert Friedrich* | „ | „ | „ | |
| „ | *Hans Rudolf* | „ | „ | „ | |
| *Juffer* | *Anna Elysabeth* | „ | „ | „ | |
| „ | *Anna Margareta* | „ | „ | „ | |
| „ | *Agneß Catharina* | „ | „ | „ | |
| „ | *Johanna Margareta* | „ | „ | „ | |
| „ | *Gertrudt* | „ | „ | „ | *Gebrüder und Schwestern.* |

## 5. Rechnungsbuch des Hauses Lanquit von 1634 bis 1653[36]

Zwei Kinder Gerhards von Velbrück, Conrad Gumprecht und Gisela, überlebten das Pestjahr 1634.

Rütger von Landsberg[37] und Johann Friedrich von Bottlenberg, genannt Kessel[38] sorgten als Vormünder für sie, bemühten sich um ihren Lebensunterhalt wie auch um ihre Erziehung. Ebenso ließen sie sich die Erhaltung und Verwaltung des weit zerstreuten Erbes der hinterbliebenen Kinder angelegen sein.

[35] Archiv Mirbach-Harff: Graven Langfort I/4.

[36] Archiv Mirbach-Harff: Graven-Langfort VIII/56.

[37] Rütger von Landsberg = Herr zu Landsberg a. d. Ruhr und Hausmannshausen, Pfälzischer Oberst, heiratete Wilhelmina von Bottlenberg, gen. Kessel, Tochter des Rüttger von Bottlenberg, gen. Kessel und seiner Frau Margaretha von Velbrück.

[38] Johann Friedrich von dem Bottlenberg, gen. Kessel, Sohn des Rütger v. d. Bottelenberg, gen. Kessel zu Hackhausen und seiner Frau Margaretha geb. von Quadt.
Johann Friedrich war ein Bruder der Agnes von Bottlenberg, gen. Kessel, der Frau des Amtmanns Gerhard v. Velbrück.

Als Burggraf und Verwalter von Lanquit war Johann Thomas verpflichtet, über alle Einnahmen und Ausgaben Buch zu führen und nach Jahresfrist Rechnung zu legen. Sein Rechnungsbuch, die Zeit von 1634 bis 1653 umfassend, befindet sich noch im Archiv von Mirbach-Harff. Ein sehr wertvolles Dokument, weil es Aufschlüsse gibt über kriegs-, wirtschafts- und familiengeschichtliche Fragen jener Zeit.
Einleitend ist in diesem Wirtschaftsbuch aufgeführt, was der Burggraf nach dem Tode des Amtmannes von Bornefeld an »Gereiden, Gütern, und Mobilien« im Hause Lanquit vorfand:

*12 Eiserne Pötte, 12 Eiserne Deckel, 2 Eiserne und 1 kupferner Löffel, 2 Küchenpfannen, 15 Zinnerne Schüsseln, 8 Zinnerne Teller, 1 Zinnern Salzfaß, 1 Zinnern Handfaß, 1 Zinnerne Lampe, 2 Leuchter, 16 Kessel, klein und groß, 5 Zinnerne Kömpf*[39]*, klein und groß, 1 Pießpott, 1 Krautstein, 1 Eiserner Leuchter.*
*9 Federbetten, 1 Deckbett, 9 Pulven*[40] *und 9 Decken, 5 Küssen und 2 Wiegenküssen, 7 Paar Laken, alt und neu, 2 große Dischtücher.*
*15 holtzerne Milchmulden, 8 Stanzen, 1 Bettpfanne.*

*Was von Cöllen kommen :*

*13 Paar Laken, 11 schlechte Servietten, 7 schlechte Handtücher, 5 schlechte Dischtücher, 2 Spanische Decken, 2 schwarze Stuhlküssen, 1 Bettpfanne, 1 Eiserne Elle, 2 Eiserne Leffel, 2 Erden Kannen*[41]*, 1 Zinnen Kömpfgen, 3 Zinnerne Löffel, 3 Kessel, 2 Brandteisen, 1 Feuerzange, 1 Hälhaken*[42]*, 1 Fliegenkäuff, 1 neu rorschmange*[43]*, 3 Ständgern, 1 Kiste.*
*An Vieh ist alles vermög Rechnung verkauft worden, außer 6 Kühen und 19 Hönern, so noch gegenwärtig.*

Bestimmt ist das Haus Lanquit auch möbiliert gewesen. Der Schreiber erwähnt nichts davon, obwohl in der Übersicht darauf verwiesen wird. Es fand sich ein alter Plan (Abb. 7), der skizzenhaft die Lage des adeligen Hauses und seine Umgebung in Flächenmaßen veranschaulicht. Diese Faustzeichnung ist um so wertvoller, weil von der eigentlichen Burg sich überirdisch nichts mehr erhalten hat. So aber steht es fest, daß die Wasserburg Lanquit – um eine solche muß es sich gehandelt haben – etwa 1 km östlich vom Guts- und Gasthause »Am weißen Stein«, an der Straße lag, die von Baumberg am Rhein kommend, über Berghausen

[39] Kömpf = tiefe Schüsseln.
[40] Pulven = Kissenunterlagen am Kopfende des Bettes.
[41] Erden Kannen = irdene Kannen (Siegburger Steingut).
[42] Hälhaken = Helhaken zum Einhängen der Kessel überm Kaminfeuer.
[43] Rorschmange = Mange aus Rohr?

nach Richrath und weiter nach Hilden und Solingen verlief. Die bruchige Landschaft, in der das befestigte Haus lag, garantierte für den Wasserzulauf, der die Gräben füllte, die das Haus umgaben. Das Rechnungsbuch, das uns noch näher beschäftigen wird, spricht auch von Mauern, Tor und Brücke als Wehranlagen. Über 300 Morgen groß war der Landbesitz, der sich rings um die Burg ausdehnte. Südlich von ihr lagen etwa 135 Morgen Ackerfläche, verteilt auf 60 Morgen »Die Langforter grießen«, 35 Morgen »Das Langforter schlechte Feldt« und 40 Morgen »Das Langforter beste Feldt«. Über die große Feldflur hin verlief ein Weg, zur »Hardt« hin. Zwischen den Straßen Langenfeld–Düsseldorf und Berghausen–Richrath dehnten sich etwa 200 Morgen Land aus, die vornehmlich, wie es die Namen verraten, als Viehweiden genutzt wurden.

Aufschlußreicher als der Lageplan ist das Rechnungsbuch. Es berichtet:

a) über den Zustand des adeligen Hauses und die an ihm vorgenommenen Reparaturen,
b) über sein Schicksal im Dreißigjährigen Krieg und
c) über die Geschwister Conrad Gumprecht und Gisela von Velbrück, ihre Versorgung mit Bekleidung, Lebensunterhalt und ihre Reisen.

| | | |
|---|---|---|
| *a) Den 17. Mai (1634) hab ich den Maurern zu Reusrath wegen des Maurens zu Lanquit zahlt* | *2 Rchtlr.* | |
| *Den 23. Juni 1635 hab ich den Maurern, so die Mauer underm Thurm reparirt, davon zahlt* | | *39 Vrtl. Früchte.* |
| *Den 30. Juni bin mit zweyen kahrren nach der Leykuhlen geweßen, vor der fuhrleut Pferdt an haber* | | *4 „ „* |
| *Den 17. Augusti hab ich ein gebünn*[44] *machen laßen, dazu kaufen müßen 200 Bünnägell kosten* | | *32 Albus* |
| *Noch ein Viertel großer Nägell* | | *10 „* |
| *Den 27. 9bris den Herdt auf der Kammer machen laßen, darvon gegeben* | | 12 „ |
| *Den 12 10bris einen Zimmermann gehabt, Thuren undt fenster am Hauß machen laßen undt davon an arbeitzlohn zahlt* | | *40 „* |

[44] Gebünn = Fußboden.

| | | | |
|---|---|---|---|
| *6 Par gehenkh*[45] *machen laßen* | | 72 *Alb.* | |
| *Noch vor 300 Negell zahlt* | | *33* „ | |
| *Den 27. May 1634 hab Ich 10 Rieß Leyen*[46] *von der Kuhlen geholt, vor jedes Rieß 1 gl.* | *3 Rchtlr.* | *6 Alb.* | |
| *Undt dem Leyendecker vor jedes Rieß zu hawen zahlt 8 Albus* | *1* „ | *2* „ | |
| *Noch 100 Bümnegell, dafür zahlt* | | *10* „ | |
| *Noch ein Viertel großer Negell* | | *10* „ | |
| *Gekauft 6000 Leyennegell undt 1000 Mahlnegell kosten zusammen* | *2½* „ | | |
| *Der Leydecker gearbeitet 9 tag, jedes tags vor lohn demselben gegeben 1½ orth*[47] | 3 „ | *29* „ | |
| *1636 Einem Zimmermann, welcher Holtz behawen undt zu den stangen zwischen dem hauß undt newen gebeuw gesetzt undt darüber 4 tage gearbeitet jedes tags 10 Alb* | | *40* „ | |
| *Hierzu an negell 36 bekauft* | | *16* „ | |
| *18. Sept, in Lanquit 1700 fueß bredder schneiden laßen, davor an schneidlohn ausgeben* | *8½* „ | | |
| *Reparation der glaßer geben* | | *5 Gl.* | |
| *1637 Vorgehenge undt thuiren* | | *1* „ | *4 Alb.* |
| *Dem Zimmermann gegeben, so den pferdtsstall gebreddert undt eine thuir darahn gemacht* | | | *54* „ |
| *An negelen in den pferdtsstall ausgeben* | | | *34* „ |
| *Ahn holtz im Aldenbruch hawen laßen 3 fiertel, zu hawlohn* | | *7½ gl.* | |
| *Den Zimmermann 5 tag gehabt, jeden tags 10 Albus* | | *2 gl.* | 2 „ |
| *Vor 200 negell* | | *1* „ | 4 „ |
| *Vor pannen*[48] *zu decken geben* | | *1* „ | |
| *Den 13. Juni 1637 die Mauer undt das hauß repariren laßen, kostet* | *2 Rchtlr.* | | |

[45] Gehengk = Gehänge aus Eisen für Fenster und Türen.
[46] Leyen = Schieferplatten für Wand- und Dachbedeckung.
[47] Siehe Anm. 34.
[48] Pannen = Dachpfannen.

| | | | |
|---|---|---|---|
| *Noch einen Zimmermann geholt 18 tag, den tag 12 Albus, zahlt* | | *9 gl.* | |
| *Anhang an die Fenster kauft, 5 paar kosten* | *1 Rchtlr.* | | |
| *400 Bünnegell geben* | | *2 gl.* | *16 Alb.* |
| *200 Liestennegell*[49] *kosten* | | *1 „* | |
| *Den Leyendecker in Arbeit 10 tag gehabt, das Hauß überstiegen undt die firsten laßen überschmieren, den tag ½ Rchtlr.* | *5 Rchtlr.* | | |
| *Noch für 18 Pfd. Haar*[50]*, die First mit zu schmieren geben* | *½ „* | | |
| *4000 Leynegell, für das 1000 33 Albus thut* | | *5 gl.* | 12 *Alb.* |
| *Noch 200 große Negel geben* | | *1 „* | *8 „* |
| *Noch 500 Mahlnegel geben* | | *1 „* | *18 „* |
| *1638. Dem Zimmermann für arbeitslohn* | | *4 „* | |
| *Schneidlohn für Balken undt Bretter* | *8 Rchtlr.* | | |
| *Das Holz im Aldenbroich zu hauen* | | *6 Gl.* | |
| *Dem Schmied aufm Ganspohl für etliche Tornegel und Gehänge hierhin ans Hauß verfertigt* | *1 Rchtlr.* | | |
| *Glasfenster zu Lanquit reparirt* | *1 „* | | |
| *1640. Für Reparirung der Glasfenster in Lanquit* | *1 „* | | *4 Alb.* |
| *Stubenofen zu Lanquit aufgesetzt, vor bezahlt* | | | *26 „* |
| *Glasmacher Fenster reparirt* | *1 „* | | *48 „* |
| *18. Juni 1641. Den Bau rundum mit Ziegeln, Unterbalken und sonsten richten zu laßen* | *8 „* | | |
| *Unterbalken schneiden laßen* | *1 „* | | *6 „* |
| *Dem Schmied für die Anker bezahlt* | *3 Rchtlr.* | | |
| *Einen neuween Schuppen bauen laßen* | *1 „* | | *62 Alb.* |
| *Zwei Blöcher*[51] *schneiden lassen, um den neu Stal damit bünnen laßen* | *8 „* | | |

[49] Leistennägel

[50] Die Lehmspeise zum Dichten des Daches wurde mit Haaren vermischt, um Bindung zu erhöhen.

[51] Blöcher = Baumstämme.

| | | | |
|---|---|---|---|
| Die Ställe etwa(s) mauern zu laßen | 2 Rchtlr. | | |
| 21. Septbr. 1642. Dem Zimmermann, welcher die Brücke alhier am Haus gebessert, für Arbeit | | | 20 Alb. |
| Die Fenster am Haus Lanquit reparirt | 2 „ | | 6 „ |
| Im Haus an Mauerwerk etwas bessern lassen, Arbeitslohn | | | 48 „ |
| Neuen Backofen notwendig machen lassen, Arbeitslohn | 2 „ | | |
| Als das Begräbnis des Herrn Obrist-Leutn. Kessel[52], selig, alhier angestellt, diesmahl neue Glasfenster machen und alte repariren lassen | 4 „ | | 49 „ |
| Allerhand Eisenwerk zur Reparatur | 1 „ | | 42 „ |
| 1643. Den Leyendecker 18 tage in Arbeit gehabt | 6 „ | 3 Ort. | |
| Anno 1644, den 2. Aug. die Mauer umbs Haus Lanquit reparieren lassen, wie gleichfals die Braupann[53] auszumauern verdingt | 3 „ | | |
| Dazu gegulden 400 Ziegelstein, die 100 für 1 Gulden | 4 „ | | |
| Vor 4 Reiß Leyen zu decken | 1 „ | | |
| Selbige auf der Koulen zu behauwen | | | 32 „ |
| Dem Leyendecker das Haus zu übersteigen geben | 3 „ | | |
| Vor Leyenegel undt malnegel | 1 „ | | |
| 23. 7bris neben der Bruggen die raiwand[54] lassen machen, zu Lohn | 6 „ | | |
| Für Bretter auf die Brug undt an die reiwende zu schneiden geben | 4 „ | | |
| Für große Nägel auf die Brücke | | 2 Gl. | |
| 1645. Zugbrücke machen lassen, an Lohn dafür ausgegeben | 1 „ | | 24 „ |
| Bretter und Balken darauf zu schneiden ausgegeben für Schneidlohn | 2 „ | | 6 „ |
| Die Fenster zu Lanquit repariren lassen, dafür bezahlt | 2 „ | | 27 „ |

[52] Siehe Anm. 38.
[53] Braupfanne = Braubottich (Bierbrauen).
[54] Reiwand = Fachwerkwand.

| | | |
|---|---|---|
| *Die kleine Stube repariren und 2 Stubenöfen einsetzen lassen* | *1 Rchtlr.* | *18 Alb.* |
| *Zwei Reiß Leyen zu Erkrath auf der Leykuhlen holen lassen und nach Widdig*[55] *geschickt* | *3 „* | *6 „* |
| *Vor Leyen zum Haus Lanquit* | *1 „* | *18 „* |
| *1647. Neue Kuhtröge machen lassen, für Schneidlohn, Arbeitslohn und Nägel* | *4 „* | |
| *Den Pferdestall zu breddern, an Schneid-, Zimmerlohn undt Nägel* | *2½ „* | |
| *Dem Decker, der die Scheune deckte* | *½ „* | |

| | | |
|---|---|---|
| *b) Anno 1634. Der Salvaguardien*[56] *Pferdt an Haber verthan* | *1½ Mldr. 4 frdl.* | |
| *Einem Mann, so den Hammel ins Leger*[57] *getragen, dem Grafen von Wartenbergh, gegeben* | | *12 „* |
| *Wegen des kreigen* [Krieges] *an Monatgeld und schwedischer Contribution zahlt* | *3 Rchtlr.* | |
| *Anno 1635 hab ich Johann Glaesmachern zu Hilden wegen des Pferdts, so ihme auf der frondenbergischen Reisen*[58] *abgenohmen worden, vermög Quittung* | *35½ Rchtlr.* | |
| *Im Maio 1635 dem Merkshalfen*[59] *auch für ein Pferd abgenohmen auf derselben Reise* | *26 „* | |
| *Dem Schäfgensmüllen*[60] *Halfmann auch für ein verlorenes Pferdt* | *20 „* | |
| *Den 23. 9bris 1635. Dem Halfmann an der Scheefgesmüllen auf Rechnung der Fröndenbergischen Reise an Korn* | *2 Mldr.* | |

[55] Widdig = Ortschaft zwischen Bonn und Wesseling.
[56] Schutzwache
[57] Kriegslager
[58] Frondenberg = Fröndenberg i. Westfalen?
[59] Pächter des Merkshofs bei Hilden.
[60] Müllerhof bei Leichlingen im Wuppertal, zwischen Wipperaue und Leichlingen.

| | | | |
|---|---|---|---|
| *Als Luning mit den Schwedischen von Syburg geritten damals Haber* | | *6 Firdl.* | |
| *Wegen des Kreygens* [Krieges] *an Monatsgelde außzahlt 4½ Gl. 1 Alb. vermög Quittung* | *1 Rchtlr.* | | *31 Alb.* |
| *1635, den 29. Juli hab ich wegen schwedischer Contribution vermög Quittung bezahlt* | | | *56* „ |
| *Wegen des Kreygens* [Krieges] *an Kayserl. Contribution vermög Quittung zahlt* | *7 Rchtlr.* | | *7½ Alb.* |
| *1636. Zu Abzahlung der außgeschriebener altheimscher Contribution*[61] | | *2 Gl.* | *16* „ |
| *Quittung wegen abermaliger ausgesetzter Steuern außgeben* | | | *22* „ |
| *Als die Heßische Confoy nach Hermestein gezogen vor Salveguardi ausgeben* | *4* „ | | |
| *Wegen einlogierung der Wagenpferdt wegen des Kerchen* [Krieges] *ausgeben* | | *4 Gl.* | |
| *Wegen des Kerchen* [Krieges] *an ausgesetzten Steuern des Herrn Vogten geben müssen* | | | *33* „ |
| *An ausgesetzter Steuern zu behuiff Johann de werdt*[62] | | *1 Gl.* | |
| *Abermalige Steuern zu behuiff Johann de werdt* | *1* „ | | |
| *1637. 30 Juni Jannen brewer wegen eines pferdts so uff der frundenbergischen reisen außgeplieben* | *22* „ | | |
| *Von Johan de Werts geld geben* | | | *10* „ |
| *Die Steuer vor Johan de werdt aus satz, den 2. Mai 37* | | | *15* „ |
| *1638. Als der kroatische Oberstleutnant*[63] *aufs Haus Lanquit kommen, mein Junker im Dorf an Wein holen lassen* | *3* „ | | |

[61] Kriegssteuer
[62] Reitergeneral Jan von Werdt.
[63] Oberstleutnant Truckmüller führte 1637/38 ein kroatisches Regiment.

| | | |
|---|---|---|
| *Anschlag in ausgeschriebener Römersteuer bezahlt*[64] | *1 Rchtlr.* | *2 Alb.* |
| *Dem Cornet von den Croaten geben müssen* | *2* „ | |
| *Dem Hauptmann, der von Wipperfürth kommen mit Befehl, daß die Croaten vom Haus abweichen müssen, geben* | *10* „ | |
| *Jakob an der Mühle zu Hilden wegen seines zu Frundenberg genommenen Pferdes* | *29* „ | |
| *Früchte für Oberst-Leutnant von den Croaten, macht an Geld* | *25* „ | |
| *Als diesen Winter 1638 der Croat hier im Ambt Monheim gelegen, an denselben auf der Vorsteher erforderten, vermög Quittung, wegen des Krieges ausgelegt* | *4* „ | *4* „ |
| *Selbigen Winter noch wegen des Krieges an Monatsgeld, so die Piccolominischen bekommen* | *6* „ | |
| *1639. Wegen des Krieges an Hatzfeldischer Kontribution*[65] *ausgeben* | *8* „ | |
| *Sechs verschiedene Hessische Kontributionen, zusammen* | *1½* „ | |
| *Wegen des Amtmanns Forderungen wegen der Lamboyschen*[66] *gezahlt* | *1½* „ | *10* „ |
| *An Obristen Sparrischen*[67] *Kayserischen zu Mülheim gelegenes regiment von Monat Mai bis den 25. Dezbr. 1639, wegen der schuldigen Kriegskontribution* | *2* „ | *68* „ |

[64] Römersteuer = Reichssteuer, auch ausgeschrieben bei Aufstellung von Truppenkontingenten.

[65] Melchior von Hatzfeld, kaiserlicher General-Feldmarschall im Dreißigjähr. Krieg.

[66] Generalfeldzeugmeister von Lamboy erlitt am 17. 1. 1642 schwere Niederlage bei Kempen a. Ndrrh. Von französisch-hessischen Truppen gefangengenommen.

[67] Otto Christoph von Sparr, kaiserl. Generalwachtmeister.

| | | |
|---|---|---|
| *1640. Dem Windmüller*[68] *Wilhelm von Licheling wegen eingebrachten Salvuagardien wegen der Croaten und Piccolominischen* | *18 Rchtlr.* | |
| *Kriegskontribution Anno 1639/40* | *6 „* | *58 Alb.* |
| *Dem Windmüller (zu Monheim) wegen langwieriger Kriegseinquartierung und Verhinderung seines Gemahls nachgelassen* [an Pacht] | *7 „* | |
| *1640. Hessengelder* | | *48 „* |
| *Nach Ratingen wegen Kontributionsgeldern* | *2 „* | |
| *Anteil an Fürstensteuer* | | *26 „* |
| *Reichshessengelder* | *1 „* | *39 „* |
| *Für eine Umlage an Fürstensteuer* | *1 „* | *6 „* |
| *Einer Wache, welche mein Junker auf den Merkshof geschickt* | *3 „* | |
| *Wegen das Köchengut an Kontribution* | *3 „* | |
| *1642. Dem Schmied aufm Ganßpohl*[69]*, bei welchem mein Junker, als im Lager Zons gewesen, sein Pferd beschlagen lassen, dafür bezahlt* | *3 „* | *6 „* |
| *Für drei Reisen nach Zons an Schiffsgeld ausgelegt* | *36 „* | |
| *Für Rittmeister Wylachs Pferd in Zons auf Geheiß meines Junkers ausgelegt* | *16 „* | |
| *An Kontribution für 3 Monate* | *1½ „* | |
| *Kontribution für 1644* | *9¾ „* | *12 „* |
| *Einer Partei so mein Juffer*[70] *gefangen gehabt, gegeben* | *12 „* | |
| *Mein Juffer zu Zons krank gelegen, an Wein bezahlt* | *1 „* | *18 „* |
| *Weil der Weingärtner*[71] *durch die* | | |

[68] Monheimer Windmühle gehörte den Velbrücks zu Graven-Lanquit. 1640 pachtete sie Wilh. von Leichlingen.

[69] Am Ganspohl = Ortsteil in Langenfeld. Straßengabelung: Solingen–Hitdorf und Solingen–Monheim.

[70] Jungfer Gisela von Velbrück gefangengenommen.

[71] In Widdig besaßen die Velbrücks ein Weingut. Ihr Weingärtner von hessischen Soldaten geplündert. (Siehe Anm. 55.)

| | | | |
|---|---|---|---|
| *Hessen ausgeplündert gewesen, habe vor Fleisch ausgelegt* | *4 Rchtlr.* | | |
| *Für Kontribution ausgelegt* | *7 „* | | *11 Alb.* |
| *1646. Als ich nach Widdig gereist und 14 Rchtlr, um den Schatz daselbst zu bezahlen, mitgenommen, ist das Schiff von einer Parteien angedrungen, geplündert und mir das Geld abgenommen worden* | *14 „* | | |
| | | | |
| *c) Junker Conrad Gumprecht undt Juffer Agnes Geißel* [Gisela] *negsten herbst nach Dekirchen*[72] *gezogen, und an Zehrung und fahrgeld ausgelegt* | *1 Rchtlr.* | | |
| *Weinfäßer zu fahren an den Rhein* | | | *44 „* |
| *Vor Zappen und spunder uf die Weinfäßer* | | | *4 „* |
| *Zwei Pfund Seifen an den Kelterbaum* | | | *16 „* |
| *Vor fahrenlohn als den Wein nach Widdig geholt* | *1 „* | | |
| *Zu Bonn vor zwei fäßer geben* | *5 „* | | |
| *Zu Widdig dem vaßbender etzliche faßer zu binden geben* | *1 „* | | |
| *Den 17. 8bris 1636 den Wein von Widdig nach Collen, zusahmen gegeben* | *2½ „* | | |
| *Zu Collen ahn platz wegen des weins ausgeben müßen* | *4 „* | | *19 Alb.* |
| *Dem Cranenschreiber* | *1 „* | | *16 „* |
| *Den Schradern zu Widdig* | *5 „* | | |
| *Ein Ahm weins*[73]*, so mein Junker nach Lanquit brengen laßen, zu fahren gegeben* | | *1 Gl.* | |
| *Vor ein Schloß an den weinkeller* | | *1 „* | |

Die Kinder des verstorbenen Gerhard von Velbrück hielten sich abwechselnd in Lanquit, Köln und Mauel auf; auch Jülich und Brüssel werden als Reiseziel genannt. Vermutlich haben sie in diesen Städten ihre schulische Ausbildung erhalten.

[72] Dekirchen = vermutlich Dietkirchen bei Bonn.
[73] Ahme Wien = Ohm, Flüssigkeitsmaß.

Hören wir, was der Verwalter von Lanquit darüber ins Ausgabebuch schrieb:

| | | |
|---|---|---|
| *»Anno 1634, den 28. 8bris von wegen der Kinder zu Collen beym Becker zahlt* | *28½ Rchtlr.* | |
| *Anno 1636, den 24. Aprilis Conrad Gumprecht zu Collen gethan* | *5½ „* | |
| *Den 2. Aprilis einen botten nach Mauwel zum Junker Coengumpert geschickt, selbigem gegeben* | | *60 Alb.* |
| *Den 20. und 24 May Coengumprecht alß der Commißaren Velbrück alhier gewesen an Wein holen laßen* | *1 „* | *18 „* |
| *Den 28. May 1636, des obristen fraw mitt den Juffern von Hackhausen*[74] *beym Junkern alhier gewesen, damals an wein holen laißen 7 Quart* | *1 „* | *20 „* |
| *Damaß an weißbrot* | | *16 „* |

In demselben Jahr scheint der Junker Conrad Gumprecht erkrankt zu sein; das geht aus folgenden Notizen hervor:

| | | |
|---|---|---|
| *Anno 1636, den 16. August dem doctori medici geben* | *5 Rchtlr.* | |
| *Deß Apothekers Knecht vor setzung eines Klisteyers* | *1 „* | |
| *Bin ich bei Krankheit des Junkers zweymahl nach Düsseldorf geritten, verzehrt* | *1 „* | *5 Alb.* |
| *Fordert der Apotheker, vermoeg Rechnung* | *6½ „* | *30 Alb.* |
| *Bey Krankheit Herr Coengumprecht ahn Kertzen hollen laßen 4 Pfd. pro 16 Alb* | | *64 „* |
| *2 Pfd. Seifen, kost* | | *16 „* |
| *Vor weißbrodt, so verthan worden* | 1 „ | |
| *An wein verthan und gedrunken in summa* | 11 „ | |
| *1637. Als mein gned. Junker von* | | |

[74] Frau Johann Friedrichs von Hackhausen mit ihren Töchtern, siehe Anm. 38.

| | | |
|---|---|---|
| *Clieff*[75] *nach Mauel geritten, wimar zu frenkhausen*[76] *mitgenohmen, deme ich zu lohn geben* | *1 Rchtlr.* | |
| *Als mein gned. Junker nach Gülich geritten, geben* | *31 „* | |
| *1638. Die Herren Vormünder mir zugelegt, daß mein Junker eine zeitlang bei mir zu Tisch gewesen* | | |
| 2 *Malter Roggen* | | |
| *Als mein Junker von Gülich kommen, bei mir abermalig 8 Wochen mit einem Diener zu Tisch gangen, für jede Woche 1 Rchtlr.* | *8 Rchtlr.* | |
| *Die Pferde an Hafer verzehrt 8 Malter* | | |
| *Zwei Seil Heu gegulden für meines Junkers Pferd* | *4 „* | |
| *Mein Junker ist den 18. Mai 1638 mit einem Convoy auf Cölln kommen und selbiges Mal samt einem Trompeter, seinem Diener und 3 Pferden verzehrt, so ich bezahlt* | *3 „* | *61 Alb.* |
| *Den Junker nach Rurmundt geschickt* | *25 Rchtlr.* | |
| *Als mein Junker wieder nach Gülich gereißt, damals gekauft für* | *30 „* | |
| *Mein Junker am 8. Marty nach Mauwel geritten, an Geld mitgenommen* | *9 „* | |
| *Den 14. Oktbr. ist mein Junker von Gülich auf Lanquit kommen und vor und nach bei mir gewesen 12 Wochen, jede Woche 1 Gl. beläuft sich zusammen auf* | *15 „* | |
| *Und den Knecht 9 Wochen, die Woche 3 Ort* | *11 „* | |
| *Den 21. Dezbr. ist die Juffer zu lanquit kommen für 8 Wochen* | *10 „* | |
| *Und die Magd 7 Wochen für* | *5 „* | |
| *Nochmals meinem Junker nach Brüssel* | *20 „* | |
| *Vormund meines Junkers 12½ Rchtlr. zu Brüssel vorgestreckt, welche ich* | | |

[75] Clief = Groß- oder Klein-Clef bei Dabringhausen.
[76] Frenkhausen = Ortschaft in der Gemeinde Dabringhausen.

| | | | | | |
|---|---|---|---|---|---|
| *Herrn Probsten Landsberg zu Cöln wiedergegeben* | *12½* | „ | | | |
| *1640. 7. Oktober mein Junker mit einer Karren von Brüssel kommen, ich dem Fuhrmann darob zahlt* | *14* | „ | | | |
| *Für Verpflegung des Junkers und seines Knechtes, die vom 16. Oktbr. 1639 bis 30 Mai 1640, 16 Wochen in Lanquit gewesen. Für den Junker 1 Gl. und für den Knecht 3 Orth pro Tag gerechnet, zusammen* | *32* | „ | | | |
| *Zu verschiedenen Reisen meines Junkers gegeben* | *166* | „ | | | |
| *Im Kempeshaus verzehrt* | *47* | „ | | *24* | *Alb.* |
| *Wegen Wein in der Blomen*[77] | *9* | „ | | *20* | „ |
| *1642. Meinem Junker zu Zons gegeben* | *24* | „ | | | |
| *1636. Meinem gned. Junkern ein Pferd gegulden* | *65½* | *Rchtlr.* | | | |
| *1640. Als mein Junker am 1. Novbr. nach Landsberg geritten und am 13. wiederkommen, ein Pferd gekauft* | *46* | *Rchtlr.* | | | |
| *1640. Meinem Herrn ein braunelich Pferd gekauft* | *73* | *Rchtlr.* | | | |
| *Für ein weißes Pferd mit Weinkauf und Haltergeld* | *57* | „ | | | |
| *1640. Junker schwarzbraunes Pferd gekauft* | *85* | „ | | | |
| *Noch ein schwarzbraunes Pferd mit Blesse gekauft* | *63* | „ | | | |
| *Noch einen Klepper gekauft* | *44* | „ | | | |
| *1643. Mein Junker dem Ritter Landsberg im Lager ein Pferd abgekauft* | *62* | „ | | | |
| *1636. Vor einen Saddell* | *7* | *Rchtlr.* | | | |
| *1640. Für das Pferd einen Sattel* | *8* | „ | | | |
| *Für Stangen und Kappesaun*[78] | *1* | „ | | *46* | *Alb.* |
| *1636. Daß Ledderen Kleid habe machen laßen* | *26* | „ | | *5* | „ |
| *Vor ein roedt Schaerpen* | *15* | „ | *weniger* | *10* | „ |

[77] Kempeshaus und »in der Blomen« = vermutlich Gasthäuser oder Wohnungen in Köln.
[78] Kappesaum = Pferdekopfzeug.

| | | |
|---|---|---|
| Meinem gned. für ein paar Schon ausgegeben | 1 Rchtlr. | |
| Meinem gned Junker vor geheng, bandelier undt ander noturfft ausgelacht [ausgelegt] | 9 „ | |
| Für meinen gebietenden Junker gegulden : | | |
| Für den Hut | 2 „ | |
| Für ein Paar Strümpfe gegeben | 1½ „ | |
| Für ein Paar Leinenstrümpfe | | 24 Alb. |
| Für ein Paar Stiefeln | 4 „ | |
| Für eine Feder [zum Hut] | 2 „ | 12 „ |
| Meinem Junker eine Mutz | | 54 „ |
| Dem Junkern ein Paar Henschen | | 39 „ |
| 1640. 11. Oktober. Ich dem Junker Tuch für Hemden | 11 „ | 56 „ |
| Machlohn für 5 Hemden | 1 „ | 48 „ |
| Dem Schneidermeister Dietrich | 10 „ | 30 „ |
| 1641. 6. Juni. Dem Junker ein Paar große, weiße Reitstrümpfe | 1 „ | 56 „ |
| Dem Schneider für Strümpfe zu machen für Junker und Knechte | | 35 „ |
| Für meines Junkers Kleidung und Leinewand gegeben | 130 „ | 7½ „ |
| Ein neues Kleid für meinen Junker | 16 „ | |
| 1646. Den 12. September in Cöln für Kleidung ausgelegt | 102 „ | |
| 1637. Vor neu Degen und Pistolen zu machen auf meines gned. Junkern befelch ausgegeben | 4½ Rchtlr. | |
| 22. Novbr. 1640. Gefäßt an einen Degen | 3 Rchtlr. | 20 Alb. |
| 10. Dezbr. 1639. Für einen Pistolenhalter gegeben | 1 „ | 20 „ |
| 4. April 1640. Für ein Paar Pistolen | 9 Rchtlr. | |
| Von einer Pistole zu machen | 1 Rchtlr. | 30 Alb. |
| Für ein Paar Sporen | | 36 „ |
| Für Hagel und Blei | | 16 „ |
| Vier Pfd. Pulver | 1 „ | 18 „ |
| Seiten Leindt an den Degen | | 16 „ |
| An simplen Waffen | 38¾ „ | |

# Literaturverzeichnis und Bildnachweis

## Quellen

Gräflich von Mirbachsches Archiv zu Harff:

*Ophoven I* Nr. 4
*Ophoven I* Nr. 5
*Ophoven I* Nr. 6
*Ophoven II* Nr. 13
*Ophoven II* Nr. 15
*Graven-Langfort* Nr. 1
*Graven-Langfort* Nr. 4
*Graven-Langfort* Nr. 56

Hauptstaatsarchiv Düsseldorf, Akten:

*Jülich-Berg III R.* Nr. 57

Staatsarchiv Koblenz:

*Abteilung 55 A* Nr. 277
*Abteilung 55 A* Nr. 297

Staatsbibliothek München:

*Sammlung Redinghoven*, Cgm. Bd. XIII

## Literatur


*von Alberti :* Maß und Gewicht, Geschichtliche und tabellarische Darstellungen. Akademie-Verlag Berlin, 1957.
*Bendel, Johann :* Heimatbuch des Landkreises Mülheim/Rhein, Köln-Mülheim 1925.
*Boheim, Wendelin :* Handbuch der Waffenkunde, Leipzig 1890.
*Clemen, Paul :* Die Kunstdenkmäler der Städte Barmen, Elberfeld, Remscheid, Lennep, Mettmann, Solingen. Verlag L. Schwann, Düsseldorf 1894.
*Dammin, August :* Die Kriegswaffen in ihren geschichtlichen Entwicklungen, Leipzig 1893.
*Dietz, Walter :* Leverkusen, Geschichte und Gegenwart. Verlag Gottfried Krause, Mainz 1958.

*Fahne:* Geschichte der Kölnisch, Jülich und Bergischen Geschlechter, 1848.
*Hashagen-Narr-Rees-Strutz:* Bergische Geschichte, Remscheid 1958.
*Höhlbaum:* Das Buch Weinsberg, Leipzig 1886.
*Kluge-Götze:* Etymologisches Wörterbuch der deutschen Sprache. de Gruyter Verlag, Berlin 1953.
*Korth, Leonard:* Das Gräflich von Mirbachsche Archiv zu Harff. Annalen des Historischen Vereins Niederrhein, Band 57, 1. und 2. Teil, Köln 1894.
*Hr. von Loesch:* Kölner Zunfturkunden, Bonn 1907.
*Mosler, Hans:* Urkundenbuch der Abtei Altenberg, 1. und 2. Bd. 1912, 1955.
*Oberbach-Schuette:* Alte Spitzen.
*Robens:* Der Landständische Adel des Niederrheins.
*Schöneshöfer, Bernhard:* Geschichte des Bergischen Landes, Elberfeld 1908.
*von Schrötter:* Wörterbuch der Münzkunde. Berlin 1930.
*Vetter, H. J.:* Authentische Sammlung der bei der Bergischen Ritterschaft vorhandenen und aufgeschworenen Wappen, Köln 1793.
*Volmer, Bernhard:* Ausgewählte Quellen zur Geschichte von Schloß, Amt und Freiheit Burg a. d. Wupper, 1955.
*Wallach-Haberkern:* Hilfswörterbuch für Historiker, Berlin-Grunewald 1935.
*Wurmbach, Edith:* Das Wohnungs- und Kleidungswesen des Kölner Bürgertums um die Wende des Mittelalters. Bonn 1932.
*Zitzen, Dr. E. G.:* Scholle und Strom, Rheinischer Agrargeschichtlicher Wortschatz, Bonn 1950.

## Bildnachweis

Die Karte zum Burger Lagerbuch 1690 zeichnete *Clemens Sieheneichler*, Leichlingen
Ansicht von Schloß Burg und Lageplan von 1816: Bildarchiv des Schloßbauvereins in Burg a. d. Wupper
Schloß Morsbroich im 18. Jahrhundert: Bildarchiv der Stadt Leverkusen
Bildnis des Komturs Ignaz von Roll: Bildarchiv der Stadt Köln
Grundriß des Rittersitzes Ophoven: Katasteramt des Rhein-Wupper-Kreises

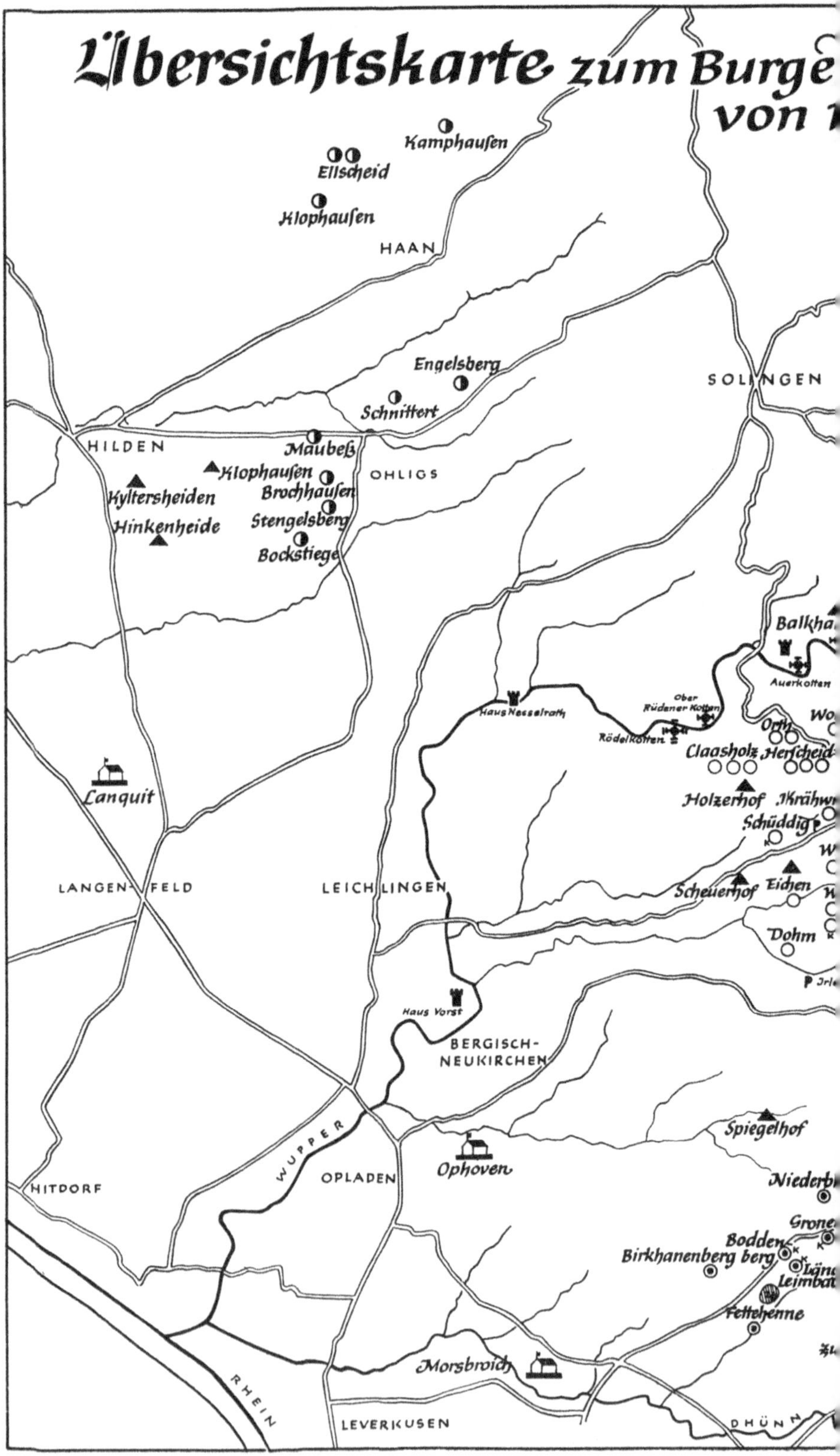

Übersichtskarte zum Burge
von
Kamphausen
Ellscheid
Klophausen
HAAN
SOLINGEN
Engelsberg
Schnittert
HILDEN
Maubeß
OHLIGS
Klophausen
Kyltersheiden
Brochhausen
Stengelsberg
Hinkenheide
Bockstiege
Auerkotten
Haus Nesselrath
Ober Rüdener Kotten
Rödelkotten
Orth
Claasholz
Herscheid
Lanquit
Holzerhof
Schüddig
LANGEN-FELD
LEICHLINGEN
Scheuerhof
Eichen
Dohm
Haus Vorst
BERGISCH-NEUKIRCHEN
Spiegelhof
WUPPER
OPLADEN
Ophoven
HITDORF
Bodden
Birkhanenberg berg
Fettehenne
RHEIN
Morsbroich
LEVERKUSEN
DHÜNN

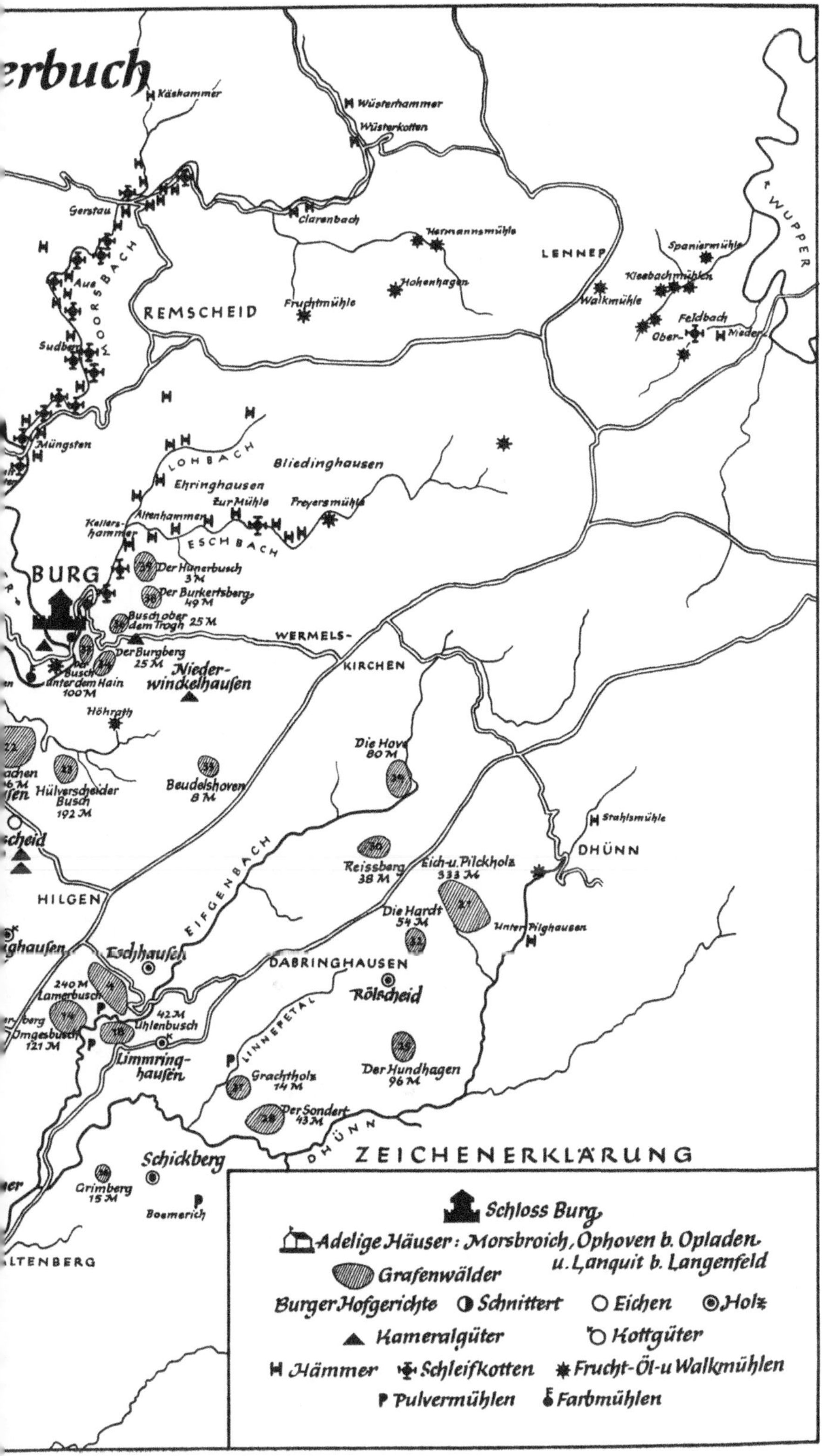
erbuch
Käshammer
Wüsterhammer
Wüsterkotten
Gerstau
Clarenbach
Hermannsmühle
LENNEP
Spaniermühle
WUPPER
Aue
MOORSBACH
Kleebachmühlen
Hohenhagen
REMSCHEID
Fruchtmühle
Walkmühle
Feldbach
Ober-
Nieder-
Sudberg
Müngsten
LOHBACH
Bliedinghausen
Ehringhausen
Zur Mühle
Freyersmühle
Altenhammer
Keller-hammer
ESCHBACH
BURG
Der Hünerbusch 3 M
Der Burkertsberg 49 M
Busch ober dem Trogh 25 M
WERMELS-
KIRCHEN
Der Burgberg 25 M
Der Busch unter dem Hain 100 M
Nieder-winckelhausen
Höhrath
Die Hove 80 M
Hülverscheider Busch 192 M
Beudelshoven 8 M
Stahlsmühle
DHÜNN
Reissberg 38 M
Eich-u. Pilckholz 333 M
HILGEN
EIFGENBACH
Die Hardt 54 M
Unter Pilghausen
Eschhausen
DABRINGHAUSEN
240 M Lamerbusch
Rölscheid
42 M Uhlenbusch
Omgesbusch 121 M
Limmringhausen
LINNEFETAL
Grachtholz 14 M
Der Hundhagen 96 M
Der Sondert 43 M
DHÜNN
Schickberg
Grimberg 15 M
Boemerich
ALTENBERG
ZEICHENERKLÄRUNG
Schloss Burg
Adelige Häuser: Morsbroich, Ophoven b. Opladen u. Lanquit b. Langenfeld
Grafenwälder
Burger Hofgerichte
Schnittert
Eichen
Holz
Kameralgüter
Kottgüter
Hämmer
Schleifkotten
Frucht-Öl-u Walkmühlen
Pulvermühlen
Farbmühlen

GPSR Compliance

*The European Union's (EU) General Product Safety Regulation (GPSR) is a set of rules that requires consumer products to be safe and our obligations to ensure this.*

*If you have any concerns about our products, you can contact us on ProductSafety@springernature.com*

In case Publisher is established outside the EU, the EU authorized representative is:

Springer Nature Customer Service Center GmbH
Europaplatz 3
69115 Heidelberg, Germany

**Batch number: 10577917**

Printed by Printforce, the Netherlands